电工电子技能考核指导教程

主　编　夏金威　顾　涵

副主编　鲁　宏　薛　晨　况亚伟

苏州大学出版社

Soochow University Press

图书在版编目（CIP）数据

电工电子技能考核指导教程 / 夏金威，顾涵主编
. —苏州：苏州大学出版社，2021.9
ISBN 978-7-5672-3547-2

Ⅰ. ①电… Ⅱ. ①夏… ②顾… Ⅲ. ①电工技术－高
等学校－教材 ②电子技术－高等学校－教材 Ⅳ. ①TM
②TN

中国版本图书馆 CIP 数据核字（2021）第 151640 号

书　　名：电工电子技能考核指导教程

主　　编：夏金威　顾　涵

责任编辑：吴昌兴

装帧设计：刘　俊

出版发行：苏州大学出版社（Soochow University Press）

社　　址：苏州市十梓街 1 号　邮编：215006

网　　址：www.sudapress.com

邮　　箱：sdcbs@suda.edu.cn

印　　装：镇江文苑制版印刷有限责任公司

邮购热线：0512-67480030

销售热线：0512-67481020

网店地址：https：// szdxcbs.tmall.com/（天猫旗舰店）

开　　本：700 mm×1 000 mm　1/16　印张：8.5　字数：150 千

版　　次：2021 年 9 月第 1 版

印　　次：2021 年 9 月第 1 次印刷

书　　号：ISBN 978-7-5672-3547-2

定　　价：30.00 元

图书若有印装错误，本社负责调换
苏州大学出版社营销部　电话：0512-67481020
苏州大学出版社网址　http：//www.sudapress.com
苏州大学出版社邮箱　sdcbs@suda.edu.cn

前　言

　　本书依据人力资源和社会保障部职业技能鉴定中心关于电工技能等级考核规范，结合历年职业技能鉴定的考核内容、要求及企业的生产实践需要，系统地阐述了初、中、高级维修电工技能考核所必须掌握的理论、技能知识。书中介绍了电工这一工种在实践操作中的基本内容、工艺标准，涵盖电工基本常识、电工基本技能及考核、电工仪表的使用技能及考核、电子技能及考核、常用控制电路的制作技能及考核、机床控制电路故障分析及排除等内容。

　　本书从技术应用、技能考核的角度出发，共分成电子技术应用、电工技术应用两大模块。通过本书的模块化知识点的教学，可使学生从工程角度理解相关工艺的工程应用，能有效地训练学生的动手能力，加深学生工程实践应用概念，培养学生规范操作习惯。本书重点讲解了电工基础理论、电动机基础控制电路理论、电动机控制电路实际应用及排故、电子线路基础理论、典型运放电路的应用、典型电子线路故障排除等。通过系统的学习，学生可综合掌握电工电子类常见故障排除的能力。本书可作为电类专业的应用型本科学生、高职学生、技校学生、在职人员等参加电工各级技能考试和电工电子实训用参考书或教材。

　　本书由常熟理工学院夏金威、顾涵担任主编，由鲁宏、薛晨、况亚伟担任副主编，全书由夏金威负责组织、统稿工作。由于本书编写团队能力和水平有限，书中难免存在不足之处，恳请广大读者不吝指正。

目　录

第 1 章

常用电工仪表的使用

本章主要介绍的是如何使用常用的电工仪表，内容涵盖万用表的常识、仪表准确度等级、数字式万用表的外形及测量范围、用万用表测量电阻时的注意事项、低压验电器结构及使用、高压验电器结构及使用、兆欧表的原理及使用，以及剥线钳（剪）的使用和导线连接等方面。

1.1 万用表的使用

1. 电工仪表常识

电工仪表是用于测量电压、电流、电能、电功率等电量、电阻、电感、电容等电路参数的仪表，在电气设备安全、经济、合理运行的监测与故障检修中起着十分重要的作用。电工仪表的结构性能及使用方法会影响电工测量的精确度，电工必须能合理选用电工仪表，而且要了解常用电工仪表的基本工作原理及使用方法。

常用电工仪表包括：① 直读指示仪表。它把电量直接转换成指针偏转角，如指针式万用表。② 比较仪表。它与标准器比较，并读取二者比值，如直流电桥。③ 图示仪表。它显示两个相关量的变化关系，如示波器。④ 数字仪表。它把模拟量转换成数字量直接显示，如数字万用表。常用电工仪表按其结构特点及工作原理可分为以下几类：磁电式、电磁式、电动式、感应式、整流式、静电式和数字式等。

2. 仪表准确度等级

（1）仪表的误差

仪表的误差是指仪表的指示值与被测量的真实值之间的差异，它有三种表示形式：绝对误差、相对误差、引用误差。

仪表的误差分为基本误差和附加误差两部分。基本误差是由仪表本身特性及制造、装配缺陷所引起的，基本误差的大小是用仪表的引用误差表示的。附加误差是由仪表使用时的外界因素影响所引起的，如外界温度、外来电磁场、仪表工作位置等。

（2）仪表准确度等级

仪表准确度等级共 7 个，如表 1.1 所示。

表 1.1　准确度等级

准确度等级	0.1	0.2	0.5	1.0	1.5	2.5	5.0
基本误差/%	±0.1	±0.2	±0.5	±1.0	±1.5	±2.5	±5.0

通常 0.1 级和 0.2 级仪表为标准表；0.5 级和 1.0 级仪表用于实验室；1.5 级至 5.0 级仪表则用于电气工程测量。测量结果的精确度，不仅与仪表的准确度等级有关，而且与它的量程有关。因此，通常选择量

程时应尽可能使读数占满刻度 2/3 以上。万用表是一种多功能、多量程的便携式电工仪表。一般的万用表可以测量直流电流、直流电压、交流电压和电阻等。有些万用表还可测量电容、功率、晶体管共射极直流放大系数等，所以万用表是电工必备的仪表之一。万用表可分为数字式万用表和指针式万用表。

3. 数字式万用表的外形及测量范围

以 DT-830 型数字万用表（图 1.1）为例说明测量范围和使用方法。

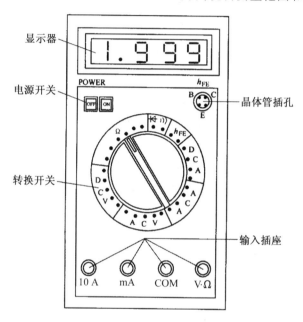

图 1.1　DT-830 型数字万用表

（1）测量范围

① 直流电压分为 5 挡，即 200 mV，2 V，20 V，200 V 和 1 000 V。

② 交流电压分为 5 挡，即 200 mV，2 V，20 V，200 V 和 750 V。

③ 直流电流分为 5 挡，即 200 μA，2 mA，20 mA，200 mA 和 10 A。

④ 交流电流分为 5 挡，即 200 μA，2 mA，20 mA，200 mA 和 10 A。

⑤ 电阻分为 6 挡，即 200 Ω，2 kΩ，20 kΩ，200 kΩ，2 MΩ 和 20 MΩ。

（2）面板

① 显示器。显示器可显示四位数字，最高位只能显示"1"或不显示数字（算半位），故称三位半。最大指示为"1 999"或"－1 999"。

当被测量过最大指示值时，显示"1"。

② 电源开关。使用时将开关置于"ON"位置；使用完毕置于"OFF"位置。

③ 转换开关。用以选择功能和量程，根据被测的电量（电压、电流、电阻等）选择相应的功能位；按被测量程的大小选择合适的量程。

④ 输入插座。将黑表笔插入"COM"的插座，红表笔有如下三种插法：测量电压和电阻时，插入"V·Ω"插座；测量小于 200 mA 的电流时，插入"mA"插座；测量大于 200 mA 的电流时，插入"10 A"插座。

4. 用万用表测量电阻时的注意事项

① 不允许带电测量电阻，否则会烧坏万用表。

② 万用表内干电池的正极与面板上"－"号插孔相连，干电池的负极与面板上的"＋"号插孔相连。在测量电解电容和晶体管等器件的电阻时要注意极性。

③ 每换一次倍率挡，要重新进行电调零。

④ 不允许用万用表电阻挡直接测量高灵敏度表头内阻，以免烧坏表头。

⑤ 不准用两只手捏住表笔的金属部分测电阻，否则会将人体电阻并接于被测电阻而引起测量误差。

⑥ 测量完毕，将转换开关置于交流电压最高挡或空挡。

5. 仪表保养

万用表是精密仪器，使用者不要随意更改电路。

① 请注意防水、防尘、防摔。

② 不宜在高温高湿、易燃易爆和强磁场的环境下存放、使用仪表。

③ 请使用湿布和温和的清洁剂清洁仪表外表，不要使用研磨剂及酒精等烈性溶剂。

④ 如果长时间不使用，应取出电池，防止电池漏液腐蚀仪表。

⑤ 注意电池使用情况，当欧姆挡不能调零（指针表）或屏幕显示缺电符号（数字表）时，应及时更换电池。虽然任何标准 9 V 电池都能使用，但为延长使用时间，最好使用碱性电池。

1.2　验电工具

1. 低压验电器

低压验电器，又称为电笔，是检测电气设备、电路是否带电的一种常用工具（图 1.2）。普通低压验电器的电压测量范围为 60～500 V，高于 500 V 的电压则不能用普通低压验电器来测量。

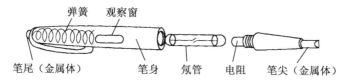

弹簧　　观察窗

笔尾（金属体）　　笔身　　氖管　　电阻　　笔尖（金属体）

图 1.2　低压验电器的结构

使用低压验电器时要注意下列几个方面：

① 使用低压验电器之前，首先要检查其内部有无安全电阻、是否有损坏、有无进水或受潮，并在带电体上检查其是否可以正常发光，检查合格后方可使用。

② 测量时手指握住低压验电器笔身，食指触及笔身尾部金属体，低压验电器的观察窗应该朝向自己的眼睛，以便于观察，如图 1.3 所示。

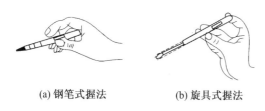

(a) 钢笔式握法　　　　(b) 旋具式握法

图 1.3　验电器的手持方法

③ 在较强的光线下或阳光下测试带电体时，应采取适当避光措施，以防观察不到氖管是否发亮，造成误判。

④ 低压验电器可用来区分相线和零线，接触时氖管发亮的是相线（火线），不亮的是零线。它也可用来判断电压的高低，氖管越暗，则表明电压越低；氖管越亮，则表明电压越高。

⑤ 当用低压验电器触及电机、变压器等电气设备外壳时，若氖管发亮，则说明该设备相线有漏电现象。

⑥ 用低压验电器测量三相三线制电路时，若两根很亮而另一根不亮，则说明这一相有接地现象。在三相四线制电路中，当发生单相接地现象时，用低压验电器测量中性线，氖管也会发亮。

⑦ 用低压验电器测量直流电路时，把低压验电器连接在直流电的正负极之间，氖管里两个电极只有一个发亮，则氖管发亮的一端为直流电的负极。

⑧ 低压验电器笔尖与螺钉旋具形状相似，但其承受的扭矩很小，因此，应尽量避免用其安装或拆卸电气设备，以防受损。

2. 高压验电器

高压验电器，又称高压测电器，其结构如图 1.4 所示。

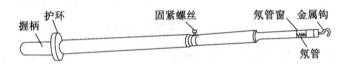

图 1.4　10 kV 高压验电器的结构

使用高压验电器时要注意下列几个方面：

① 高压验电器在使用前应经过检查，确定其绝缘完好，氖管发光正常，与被测设备电压等级相适应。

② 进行测量时，应使高压验电器逐渐靠近被测物体，直至氖管发亮，然后立即撤回。

③ 使用高压验电器时，必须在气候条件良好的情况下进行，在雪、雨、雾等湿度较大的情况下，不宜使用，以防发生危险。

④ 使用高压验电器时，必须戴上符合要求的绝缘手套，而且必须有人监护，测量时要防止发生相间或对地短路事故。

⑤ 进行测量时，人体与带电体应保持足够的安全距离，10 kV 高压的安全距离为 0.7 m 以上。高压验电器应每半年做一次预防性试验。

⑥ 在使用高压验电器时，应特别注意手握部位应在护环以下，如图 1.5 所示。

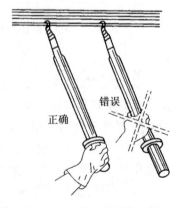

图 1.5　高压验电器的握法

1.3 兆欧表的使用

兆欧表，又称摇表，是专门用于测量绝缘电阻的仪表，它的计量单位是兆欧（MΩ）。图 1.6 所示为不同类型的兆欧表。

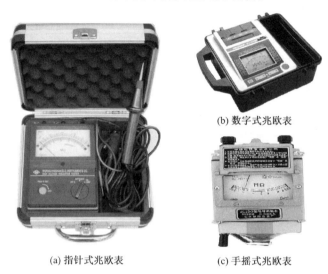

(a) 指针式兆欧表   (b) 数字式兆欧表   (c) 手摇式兆欧表

图 1.6　兆欧表

1. 兆欧表的结构

兆欧表的结构如图 1.7 所示。

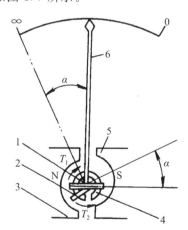

1—可动线圈；2—线圈；3—永久磁铁；4—带缺口的圆柱形铁芯；5—极掌；6—指针

图 1.7　兆欧表的结构

（1）磁电式流比计

磁电式流比计是测量机构，可动线圈 1 与线圈 2 互成一定角度，放置在一个带缺口的圆柱形铁芯 4 的外面，并与指针固定在同一转轴上；极掌 5 为不对称形状，以使空气隙不均匀。

（2）手摇式直流发电机兆欧表

手摇式兆欧表输出电压分以下几种：500 V，1 000 V，2 500 V，5 000 V。

2. 兆欧表的工作原理

被测电阻 R_x 接于兆欧表测量端子"线端"L 与"地端"E 之间。摇动手柄，直流发电机输出直流电流。线圈 1、电阻 R_1 和被测电阻 R_x 串联，线圈 2 和电阻 R_2 串联，然后两条电路并联后接于发电机输出端（电压 U）上。设线圈 1 电阻为 r_1，线圈 2 电阻为 r_2，则两个线圈上电流分别是

$$I_1 = \frac{U}{r_1 + R_1 + R_x}$$

$$I_2 = \frac{U}{r_2 + R_2}$$

两式相除，得

$$\frac{I_1}{I_2} = \frac{r_2 + R_2}{r_1 + R_1 + R_x}$$

式中：r_1，r_2，R_1 和 R_2 为定值；R_x 为变量，所以改变 R_x 会引起比值 I_1/I_2 的变化。

如图 1.8 所示，由于线圈 1 与线圈 2 绕向相反，流入电流 I_1 和 I_2 在永久磁场作用下，在两个线圈上分别产生了两个方向相反的转矩 T_1 和 T_2。由于气隙磁场不均匀，因此 T_1 和 T_2 既与对应的电流成正比又与其线圈所处的角度有关。当 $T_1 \neq T_2$ 时，指针发生偏转；直到 $T_1 = T_2$ 时，指针停止。指针偏转的角度只取决于 I_1 和 I_2 的比值，此时，指针所指的是刻度盘上显示的被测设备的绝缘电阻值。

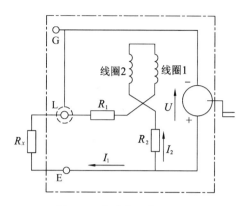

图 1.8　兆欧表工作原理图

当 E 端与 L 端短接时，I_1 为最大，指针顺时针方向偏转到最大位置，即"0"位置；当 E，L 端未接被测电阻时，R_x 趋于无限大，$I_1 = 0$，指针逆时针方向转到"∞"的位置。该仪表结构中没有产生反作用的力矩，在使用之前，指针可以停留在刻度盘的任意位置。

3. 兆欧表的使用方法

（1）正确选用兆欧表

兆欧表的额定电压应根据被测电气设备的额定电压来选择。测量额定电压在 500 V 以下的设备，应选用 500 V 或 1 000 V 的兆欧表；测量额定电压在 500 V 以上的设备，应选用 1 000 V 或 2 500 V 的兆欧表；对于绝缘体、母线等要选用 2 500 V 或 3 000 V 的兆欧表。

（2）使用前检查兆欧表是否完好

将兆欧表水平且平稳放置，检查指针偏转情况：将 E，L 两端开路，以约 120 r/min 的转速摇动手柄，观测指针是否指到"∞"处；然后将 E，L 两端短接，缓慢摇动手柄，观测指针是否指到"0"处，经检查完好才能使用。

（3）兆欧表的使用

① 兆欧表放置平稳牢固，被测物表面擦干净，以保证测量正确。

② 正确接线。兆欧表有三个接线柱：线路（L）、接地（E）、屏蔽（G）。根据不同测量对象，做相应接线。

a. 测量线路对地绝缘电阻时，E 端接地，L 端接于被测线路上（图 1.9）。

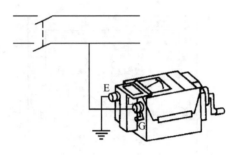

图 1.9　测量线路对地绝缘电阻接线图

b. 测量电机或设备绝缘电阻时，E 端接电机或设备外壳，L 端接被测绕组的一端（图 1.10）。

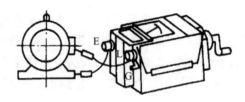

图 1.10　测量电机或设备绝缘电阻接线图

c. 测量电机或变压器绕组间绝缘电阻时，先拆除绕组间的连接线，将 E，L 端分别接于被测的两相绕组上（图 1.11）；测量电缆绝缘电阻时，E 端接电缆外表皮（铅套）上，L 端接芯线，G 端接芯线最外层绝缘层上。

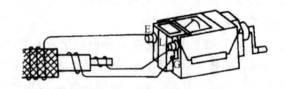

图 1.11　测量电机或变压器绕组间绝缘电阻接线图

③ 由慢到快摇动手柄，直到转速达 120 r/min 左右，保持手柄的转速均匀、稳定；一般转动 1 min，待指针稳定后读数。

④ 测量完毕，待兆欧表停止转动和被测物接地放电后方能拆除连接导线。

4. 兆欧表的使用要点

因兆欧表本身工作时产生高压电，为避免人身及设备事故必须重视以下几点：

① 不能在设备带电的情况下测量绝缘电阻。测量前被测设备必须切断电源和负载,并进行放电;已用兆欧表测量过的设备如要再次测量,也必须先接地放电。

② 兆欧表测量时要远离大电流导体和外磁场。

③ 与被测设备的连接导线应用兆欧表专用测量线或选用绝缘强度高的两根单芯多股软线。两根导线切忌绞在一起,以免影响测量准确度。

④ 测量过程中,如果指针指向"0"位,表示被测设备短路,应立即停止转动手柄。

⑤ 被测设备中如有半导体器件,应先将其插件板拆去。

⑥ 测量过程中不得触及设备的测量部分,以防触电。

⑦ 测量电容性设备的绝缘电阻时,测量完毕,应对设备充分放电。

1.4 导线绝缘层操作及连接

1. 常用导线绝缘层的剖削工具

（1）电工刀

电工刀主要用于剖削导线的绝缘外层,切割木台缺口和削割木材等,其外形如图 1.12 所示。在使用电工刀进行剖削作业时,应将刀口朝外,剖削导线绝缘时,应使刀面与导线成较小的锐角,以防损伤导线;电工刀使用时应注意避免伤手;使用完毕后,应立即将刀身折进刀柄;因为电工刀刀柄是无绝缘保护的,所以绝不能在带电导线或电气设备上使用,以免触电。

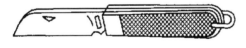

图 1.12　电工刀

（2）剥线钳

剥线钳是用于剥除较小直径导线、电缆绝缘层的专用工具,其外形如图 1.13 所示。它的手柄是绝缘的,绝缘性能为 500 V。

剥线钳的使用方法十分简便,确定要剥削的绝缘长度后,即可把导线放入相应的切口中（直径 0.5～3 mm）,用手将钳柄握紧,导线的绝缘层即被拉断后自动弹出。

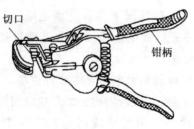

切口

钳柄

图 1.13　剥线钳

2. 导线绝缘层的剖削

（1）塑料硬线绝缘层的剖削

对于截面积不大于 $4\ mm^2$ 的塑料硬线绝缘层的剖削，人们一般使用钢丝钳。剖削的方法和步骤如下：

① 根据所需线头长度，用钢丝钳刀口切割绝缘层，注意用力适度，不可损伤芯线。

② 接着用左手抓牢电线，右手握住钢丝钳头用力向外拉动，即可剖下塑料绝缘层，如图 1.14 所示。

③ 剖削完成后，应检查线芯是否完整无损，如损伤较大，应重新剖削。

塑料软线绝缘层的剖削，只能用剥线钳或钢丝钳进行，不可用电工刀剖，其操作方法相同。

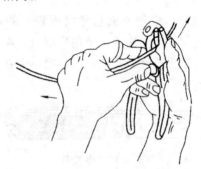

图 1.14　钢丝钳剖削塑料硬线绝缘层

对于芯线截面积大于 $4\ mm^2$ 的塑料硬线，可用电工刀来剖削绝缘层，其方法和步骤（图 1.15）如下：

① 根据所需线头长度用电工刀以约 $45°$ 倾角切入塑料绝缘层，注意用力适度，避免损伤芯线。

② 然后使刀面与芯线保持 $25°$ 左右倾角，用力向线端推削，在此过

程中应避免电工刀切入芯线，只削去上面一层塑料绝缘。

③ 最后将塑料绝缘层向后翻起，用电工刀齐根切去。

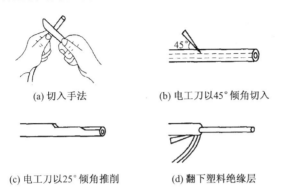

(a) 切入手法　　　　　　(b) 电工刀以 45° 倾角切入

(c) 电工刀以 25° 倾角推削　　(d) 翻下塑料绝缘层

图 1.15　电工刀剖削塑料硬线绝缘层

（2）塑料护套线绝缘层的剖削

塑料护套线绝缘层的剖削必须用电工刀来完成，剖削方法和步骤如下：

① 首先根据所需长度用电工刀刀尖沿芯线中间缝隙划开护套层，如图 1.16（a）所示。然后向后翻起护套层，用电工刀齐根切去，如图 1.16（b）所示。

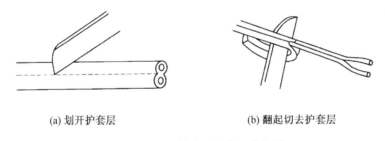

(a) 划开护套层　　　　　　(b) 翻起切去护套层

图 1.16　塑料护套线绝缘层的剖削

② 在距离护套层 5～10 mm 处，用电工刀以 45° 角倾斜切入绝缘层，其他剖削方法与塑料硬线绝缘层的剖削方法相同。

（3）橡皮线绝缘层的剖削

橡皮线绝缘层的剖削方法和步骤如下：

① 先把橡皮线编织保护层用电工刀划开，其方法与剖削护套线的护套层方法类同。

② 然后用与剖削塑料线绝缘层相同的方法剖去橡皮层。

③ 最后剥离棉纱层至根部，并用电工刀切去，操作过程如图 1.17 所示。

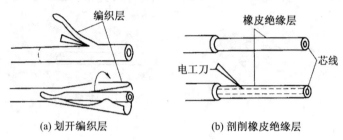

(a) 划开编织层　　　　(b) 剖削橡皮绝缘层

图 1.17　橡皮线绝缘层的剖削

（4）花线绝缘层的剖削

花线绝缘层的剖削方法和步骤（图 1.18）如下：

① 首先根据所需剖削长度，用电工刀在导线外表织物保护层割切一圈，并将其剥离。

② 距织物保护层 10 mm 处，用钢丝钳刀口切割橡皮绝缘层。注意不能损伤芯线，拉下橡皮绝缘层，方法与图 1.17 类同。

③ 最后将露出的棉纱层松散开，用电工刀割断。

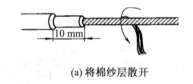

(a) 将棉纱层散开

(b) 割断棉纱层

图 1.18　花线绝缘层的剖削

（5）铅包线绝缘层的剖削

铅包线绝缘层的剖削方法和步骤如下：

① 先用电工刀围绕铅包层切割一圈，如图 1.19(a)所示。

② 接着用双手来回扳动切口处，使铅层沿切口处折断，把铅包层拉出，如图 1.19(b)所示。

(a) 按所需长度剖削

(b) 折断并拉出铅包层

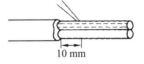

10 mm

(c) 剖削内部绝缘层

图 1.19 铅包线绝缘层的剖削

③ 铅包线内部绝缘层的剖削方法与塑料硬线绝缘层的剖削方法相同。

3. 导线的连接

在进行电气线路、设备的安装过程中，如果导线不够长或要分接支路，就需要进行导线与导线间的连接。常用导线的芯线有单股 7 芯和 19 芯等几种，连接方法随芯线的金属材料、股数不同而异。

（1）单股铜线的直线连接

① 首先把两线头的芯线做 X 形相交，互相紧密缠绕 2～3 圈，如图 1.20(a) 所示。

② 接着把两线头扳直，如图 1.20(b) 所示。

③ 然后将每个线头围绕芯线紧密缠绕 6 圈，并用钢丝钳把余下的芯线切去，最后钳平芯线的末端，如图 1.20(c) 所示。

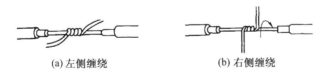

(a) 左侧缠绕

(b) 右侧缠绕

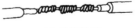

(c) 最终效果

图 1.20 单股铜线的直线连接

（2）单股铜线的 T 字形连接

① 如果导线直径较小，可按图 1.21(a)所示方法绕制成结状，再把支路芯线线头拉紧扳直；紧密地缠绕 6～8 圈后，剪去多余芯线，并钳平毛刺。

② 如果导线直径较大，先将支路芯线的线头与干线芯线做十字相交，使支路芯线根部留出 3～5 mm；然后缠绕支路芯线；缠绕 6～8 圈后，用钢丝钳切去余下的芯线，并钳平芯线末端，如图 1.21(b)所示。

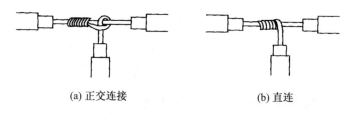

(a) 正交连接 　　　　　　　　 (b) 直连

图 1.21　单股铜线的 T 字形连接

（3）7 芯铜线的直线连接

① 先将剖去绝缘层的芯线头散开并拉直，然后把靠近绝缘层约 1/3 线段的芯线绞紧；接着把余下的 2/3 芯线分散成伞状，并将每根芯线拉直，如图 1.22(a)所示。

② 把两个伞状芯线隔根对叉，并将两端芯线拉平，如图 1.22(b)所示。

③ 把其中一端的 7 股芯线按两根、三根分成三组，把第一组两根芯线扳起，垂直于芯线紧密缠绕，如图 1.22(c)所示。

④ 缠绕两圈后，把余下的芯线向右拉直，把第二组的两根芯线扳直，与第一组芯线的方向一致，压着前两根扳直的芯线紧密缠绕，如图 1.22(d)所示。

⑤ 缠绕两圈后，也将余下的芯线向右扳直，把第三组的三根芯线扳直，与前两组芯线的方向一致，压着前四根扳直的芯线紧密缠绕，如图 1.22(e)所示。

⑥ 缠绕三圈后，切去每组多余的芯线，钳平线端，如图 1.22(f)所示。

⑦ 除了芯线缠绕方向相反外，另一侧的处理方法与图 1.22 相同。

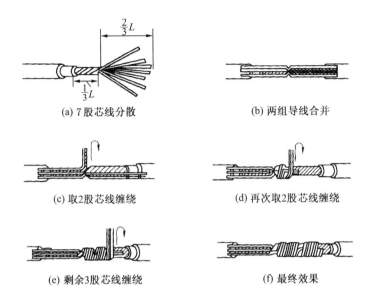

(a) 7 股芯线分散　　　　　　　　　　(b) 两组导线合并

(c) 取2股芯线缠绕　　　　　　　　　(d) 再次取2股芯线缠绕

(e) 剩余3股芯线缠绕　　　　　　　　(f) 最终效果

图 1.22　7 芯铜线的直线连接

（4）7 芯铜线的 T 字形连接

① 把分支芯线散开钳平，将距离绝缘层 1/8 处的芯线绞紧，再把支路线头 7/8 的芯线分成 4 股和 3 股两组，并排齐；然后用螺钉旋具把干线的芯线撬开分为两组，再把支线中 4 股芯线的一组插入干线两组芯线之间，另外 3 股芯线放在干线芯线的前面，如图 1.23（a）所示。

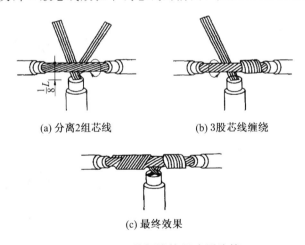

(a) 分离2组芯线　　　　　　　　　　(b) 3股芯线缠绕

(c) 最终效果

图 1.23　7 芯铜线的 T 字形连接

② 把 3 股芯线的一组在干线右边紧密缠绕 3～4 圈，钳平线端，如图 1.23(b)所示；再把 4 股芯线的一组按相反方向在干线左边紧密缠绕；缠绕 4～5 圈后，钳平线端，如图 1.23(c)所示。

7 芯铜线的直线连接方法同样适用于 19 芯铜导线，只是芯线太多可剪去中间的几根芯线。连接后，需要在连接处进行钎焊处理，这样可以改善导电性能，增加力学强度。19 芯铜线的 T 字形分支连接方法与 7 芯铜线也基本相同。将支路导线的芯线分成 10 根和 9 根两组，并把其中 10 根芯线那组插入干线中进行绕制。

4. 导线绝缘层的恢复

当发现导线绝缘层破损或完成导线连接后，一定要恢复导线的绝缘。要求恢复后的绝缘强度不应低于原有绝缘层。所用材料通常是黄蜡带、涤纶薄膜带和黑胶布，其中黄蜡带和黑胶布一般选用宽度为 20 mm 的。

（1）直线连接接头的绝缘恢复

① 首先将黄蜡带从导线左侧完整的绝缘层上开始包缠，包缠两根带宽后再进入无绝缘层的接头部分，如图 1.24(a)所示。

② 包缠时，应将黄蜡带与导线保持约 55°的倾斜角，每圈叠压带宽的 1/2 左右，如图 1.24(b)所示。

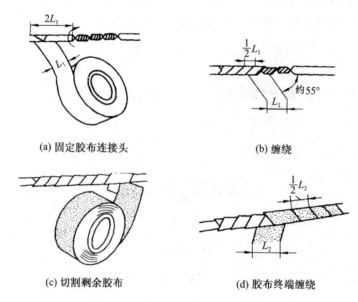

(a) 固定胶布连接头　　　　　　　　(b) 缠绕

(c) 切割剩余胶布　　　　　　　　(d) 胶布终端缠绕

图 1.24　直线连接接头的绝缘恢复

③ 包缠一层黄蜡带后，把黑胶布接在黄蜡带的尾端，按另一斜叠方向再包缠一层黑胶布，每圈仍要压叠带宽的 1/2，如图 1.24（c），1.24（d）所示。

（2）T 字形连接接头的绝缘恢复

① 首先将黄蜡带从接头左端开始包缠，每圈叠压带宽的 1/2 左右，如图 1.25（a）所示。

② 缠绕至支线时，用左手拇指顶住左侧直角处的带面，使它紧贴于转角处芯线，而且要使处于接头顶部的带面尽量向右侧斜压，如图 1.25（b）所示。

③ 当围绕到右侧转角处时，用手指顶住右侧直角处带面，将带面在干线顶部向左侧斜压，使其与被压在下边的带面呈 X 状交叉，然后把黄蜡带再回绕到左侧转角处，如图 1.25（c）所示。

④ 使黄蜡带从接头交叉处开始在支线上向下包缠，并使黄蜡带向右侧倾斜，如图 1.25（d）所示。

⑤ 在支线上绕至绝缘层上约两个带宽时，将黄蜡带折回向上包缠，并使黄蜡带向左侧倾斜；绕至接头交叉处，使黄蜡带围绕过干线顶部；然后开始在干线右侧芯线上进行包缠，如图 1.25（e）所示。

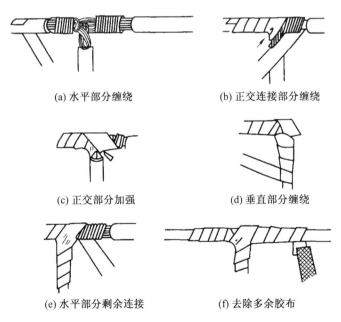

(a) 水平部分缠绕　　　　　(b) 正交连接部分缠绕

(c) 正交部分加强　　　　　(d) 垂直部分缠绕

(e) 水平部分剩余连接　　　(f) 去除多余胶布

图 1.25　T 字形连接接头的绝缘恢复

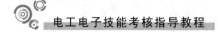

⑥ 包缠至干线右端的完好绝缘层后，再接上黑胶带，按上述方法包缠一层即可，如图 1.25(f)所示。

5. 导线连接的注意事项

① 在为工作电压为 380 V 的导线恢复绝缘时，必须先包缠 1～2 层黄蜡带，然后再包缠一层黑胶带。

② 在为工作电压为 220 V 的导线恢复绝缘时，应先包缠一层黄蜡带，然后再包缠一层黑胶带，也可只包缠两层黑胶带。

③ 包缠绝缘带时，不能过疏，更不能露出芯线，以免造成触电或短路事故。

④ 绝缘带平时不可放在温度很高的地方，也不可浸染油类。

第 2 章

常用低压元器件

本章主要介绍的是低压电气的分类及几种典型低压电器的使用原理与作用，内容涵盖刀开关、铁壳开关、转换开关、倒顺开关的选型及作用，熔断器、按钮开关、位置开关及交流接触器选型及作用等方面。

2.1　低压电器分类

低压电器是用于额定电压为交流 1 200 V 或直流 1 500 V 及以下的、由供电系统和用电设备等组成的电路中，起通断、保护、控制、调节或转换作用的电器。

随着工农业生产的不断发展，供电系统容量不断扩大，低压电器的额定电压等级范围有相应提高的趋势；同时，电子技术也将日益广泛用于低压电器中，无触点开关正逐步代替有触点电器。

1. 按作用分类

低压电器根据其在电气线路中所处的地位和作用可分为两大类。

① 低压控制电器。这类电器主要用于电力拖动系统中。这类电器有接触器、控制继电器、启动器、主令电器、控制器、电阻器、变阻器、电磁铁等。

② 低压配电电器。这类电器主要用于低压配电系统及动力设备中。这类电器有刀开关、熔断器、自动开关等。

2. 按动作方式分类

低压电器按动作方式可分为两类。

① 自动切换电器。这类电器的特点是依靠本身参数的变化或外来信号自动完成接通、切断等动作，如自动开关、接触器等。

② 非自动切换电器。这类电器主要是依靠外力来进行切换的，如刀开关、组合开关、主令电器等。

另外，在特殊环境和工作条件下使用的各类低压电器，常在基本系列产品的基础上进行派生，构成如防爆电器、船舶电器、化工电器、热带电器、高压电器及牵引电器等。

2. 2　低压开关

1. 刀开关

刀开关是手动电器中结构最简单的一种，被广泛用于各种配电设备和供电线路，一般用于非频繁地接通和分断容量不太大的低压供电线路，也可作为电源隔离开关。

常见的刀开关为开启式负荷开关。开启式负荷开关，又称为瓷底胶盖闸刀开关，常用的有 HK 系列。

图 2.1 所示为 HK 开启式负荷开关的型号含义。HK 系列瓷底胶盖开关的结构及符号如图 2.2 所示。由图可知，它由刀开关和熔断器组成，瓷底板上装有进线座、静触头、熔丝、出线座和刀开关的动点，上面还罩有两块胶盖，这样操作人员不会触及带电体部分，并且分断电路时产生的电弧也不会飞出胶盖外面灼伤操作人员。这种开关易被电弧烧坏，因此不宜带负载接通和分断电路。但因其结构简单，价格低廉，常用作照明电路的电源开关，也用作 5.5 kW 以下三相异步电动机不频繁启动和停止的控制。

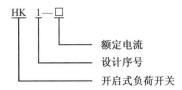

图 2.1　HK 开启式负荷开关的型号含义

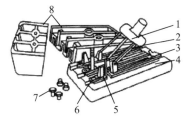

1—瓷柄；2—动触头；3—出线座；4—瓷座；5—静触头；
6—进线座；7—胶盖紧固螺丝；8—胶盖

(a) 结构

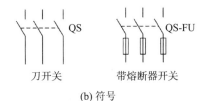

(b) 符号

图 2.2　HK 系列瓷底胶盖开关的结构及符号

2. 铁壳开关

铁壳开关，又称为封闭式负荷开关，常用的有 HH 系列。图 2.3 所示为 HH 铁壳开关的型号含义。HH 铁壳开关的结构及符号如图 2.4

所示。它由刀开关和熔断器、灭弧装置、操作机构和铸铁外壳组成。在手柄轴与底座间装有速动弹簧，使刀开关的接通、断开速度与手柄动作速度无关，这样有利于迅速灭弧。

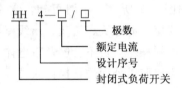

图 2.3　HH 铁壳开关的型号含义

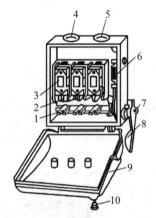

1—动触刀；2—静夹座；3—熔断器；4—进线孔；5—出线孔；
6—速动弹簧；7—转轴；8—手柄；9—罩盖；10—罩盖锁紧螺栓

(a) 结构

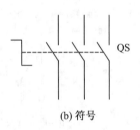

(b) 符号

图 2.4　HH 铁壳开关的结构及符号

3. 转换开关

转换开关，又称为组合开关，它实际上也是一种刀开关，常用的有 HZ 系列。图 2.5 所示为 HZ 组合开关的型号含义。HZ 组合开关的结构及符号如图 2.6 所示。

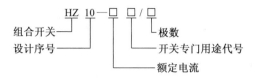

图 2.5　HZ 组合开关的型号含义

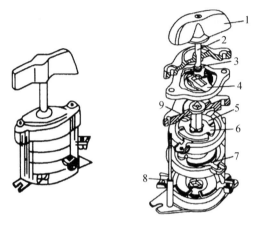

1—手柄；2—转轴；3—弹簧；4—凸轮；5—绝缘垫板；
6—动触片；7—静触片；8—接线柱；9—绝缘杆

(a) 外观及结构

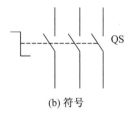

(b) 符号

图 2.6　HZ 组合开关的结构及符号

4. 倒顺开关

倒顺开关，又称为可逆转换开关，它是一种特殊的组合开关。倒顺开关的实物结构如图 2.7 所示，倒顺开关的符号如图 2.8 所示。

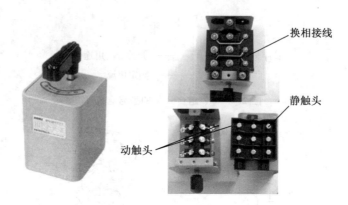

换相接线

静触头

动触头

图 2.7　倒顺开关的实物结构

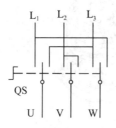

手柄位置		
倒（左）	停	顺（右）
L₁——U	L₁	L₁——W
L₂——V	L₂	L₂——V
L₃——W	L₃	L₃——U

图 2.8　倒顺开关的符号

2.3　熔断器

　　熔断器是一种广泛应用的简单而有效的保护电器。在使用中，熔断器中的熔体（也称为保险丝）串联在被保护的电路中，当该电路发生过载或短路故障时，若通过熔体的电流达到或超过某值，则在熔体上产生的热量便会使其温度升高到熔体的熔点，导致熔体自行熔断，达到保护的目的。

1. 熔断器的结构与工作原理

　　熔断器主要由熔体和安装熔体的熔管或熔座两部分组成。熔体由熔点较低的材料（如铅、锌、锡及铅锡合金）做成丝状或片状。熔管是熔体的保护外壳，由陶瓷、绝缘钢纸或玻璃纤维制成，在熔体熔断时兼起灭弧作用。

　　熔断器熔体中的电流为熔体的额定电流时，熔体长期不熔断；当电路发生严重过载时，熔体在较短时间内熔断；当电路发生短路时，熔体能在瞬间熔断。熔体的这个特性称为反时限保护特性，即电流为额定值时长期不熔断，过载电流或短路电流越大，熔断时间越短。由于熔断器对过载反应不灵敏，不宜用于过载保护，主要用于短路保护。

　　常用的熔断器有瓷插式熔断器和螺旋式熔断器两种，它们的外形结构及符号如图 2.9 所示。

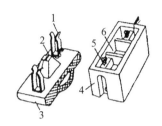

1—动触片；2—熔体；3—瓷盖；
4—瓷底；5—静触点；6—灭弧室

(a) 瓷插式熔断器

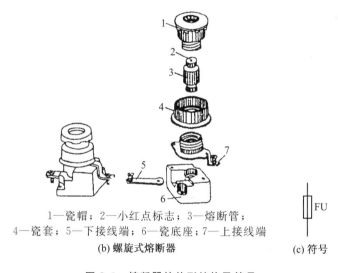

1—瓷帽；2—小红点标志；3—熔断管；
4—瓷套；5—下接线端；6—瓷底座；7—上接线端

(b) 螺旋式熔断器　　　　　　　　(c) 符号

图 2.9　熔断器的外形结构及符号

2. 熔断器的选择

　　熔断器的选择主要是根据熔断器的种类、额定电压、额定电流和熔体的额定电流等而定。熔断器的种类主要由电气控制系统整体设计时确定，熔断器的额定电压应大于或等于实际电路的工作电压，因此确定熔体电流是选择熔断器的主要任务，具体有下列几条原则：

① 电路上、下两级都装设熔断器时，为使两级保护相互配合良好，两极熔体额定电流的比值不小于 1.6：1。

② 对于照明线路或电阻炉等没有冲击性电流的负载，熔体的额定电流应大于或等于电路的工作电流，即 $I_{fN} \geqslant I_e$。

③ 保护一台异步电动机时，考虑电动机冲击电流的影响，熔体的额定电流按下式计算：

$$I_{fN} \geqslant (1.5 \sim 2.5)I_N。$$

④ 保护多台异步电动机时，若各台电动机不同时启动，则应按下式计算：

$$I_{fN} \geqslant (1.5 \sim 2.5)I_{Nmax} + \sum I_N$$

式中：I_{Nmax} 为容量最大的一台电动机的额定电流；$\sum I_N$ 为其余电动机额定电流的总和。

2.4　主令电器

主令电器主要用于切换控制电路，即控制接触器、继电器等电器的线圈达到控制电力拖动系统的启动与停止，以及改变系统工作状态，如正转与反转等。由于它是一种专门发号施令的电器，故称为主令电器。

主令电器应用广泛，种类繁多。常用的主令电器有按钮开关、位置开关等。

1. 按钮开关

按钮开关是一种结构简单、应用非常广泛的主令电器，一般情况下不直接控制主电路的通断，而在控制电路中发出手动"指令"去控制接触器、继电器等电器，再由它们去控制主电路，也可用于转换各种信号线路与电器连锁线路等。按钮的触头允许通过的电流很小，一般不超过 5 A。按钮开关的外形、结构及符号如图 2.10 所示。

按钮开关一般是由按钮帽、复位弹簧、动触头、静触头和外壳组成。按钮开关按用途和触头的不同分为停止按钮（常闭按钮）、启动按钮（常开按钮）及复合按钮（常开、常闭组合按钮）。

① 常闭按钮：手指未按下时，触头是闭合的；当手指按下按钮帽时，触头断开；当手指松开后，按钮在复位弹簧作用下自动复位闭合。

② 常开按钮：手指未按下时，触头是断开的；当手指按下按钮帽

时，触头被接通；而手指松开后，按钮在复位弹簧作用下自动复位。

③ 复合按钮：当手指未按下时，常闭触头是闭合的，常开触头是断开的；当手指按下按钮帽时，常闭触头断开，常开触头闭合；当手指松开后，触头全部恢复原状。

为了便于识别各个按钮的作用，避免误操作，通常在按钮上作出不同标志或涂以不同的颜色，一般以红色表示停止按钮，绿色或黑色表示启动按钮。

(a) 按钮开关的外形

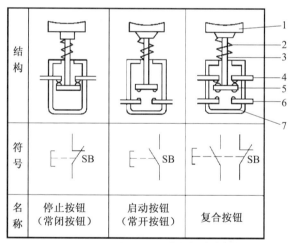

1—按钮帽；
2—复位弹簧；
3—支柱连杆；
4—常闭静触头；
5—桥式动触头；
6—常开静触头；
7—外壳

结构			
符号	⊢─⁝╱ SB	⊢─⁝╲ SB	⊢─⁝╱╲ SB
名称	停止按钮 （常闭按钮）	启动按钮 （常开按钮）	复合按钮

(b) 按钮的结构与符号

图 2.10　按钮开关的外形、结构及符号

2. 位置开关

位置开关又称为行程开关、限位开关。它的作用与按钮开关相同，只是其触头的动作不是靠手指来完成，而是利用生产机械某些运动部件的碰撞使其触头动作，进而接通或断开某些电路，达到一定控制要求。为适应各种条件下的碰撞，位置开关有很多构造形式，可用它限制机械运动的行程或位置，使运动机械按一定行程自动停车、反转或变速、循环以实现自动控制。常用的行程开关有 LX19 系列和 JLXK1 系列。各系列位置开关的基本结构相同，区别仅在于控制行程开关动作的传动装置不同。此类开关一般有旋转式、按钮式等数种。LX19 系列行程开关外形如图 2.11 所示，内部结构及符号如图 2.12 所示。

图 2.11　LX19 系列行程开关外形

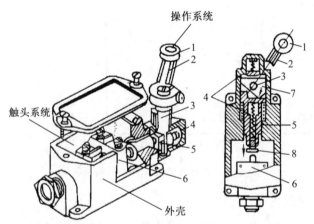

1—滚轮；2—杠杆；3—转轴；4—复位弹簧；
5—撞块；6—微动开关；7—凸轮；8—调节螺钉

(a) 外观及结构

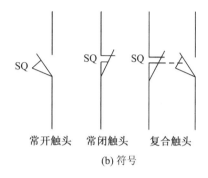

常开触头　　常闭触头　　复合触头

(b) 符号

图 2.12　LX19 系列行程开关的内部结构及符号

2.5　交流接触器

交流接触器是通过电磁机构频繁地远距离接通和分断主电路或控制大容量电路的电动操作开关。图 2.13 所示为交流接触器的型号含义。交流接触器的结构及符号如图 2.14 所示。交流接触器由主触头、辅助触头、电磁吸引线圈等主要部件组成。

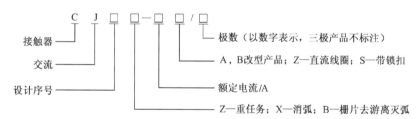

图 2.13　交流接触器的型号含义

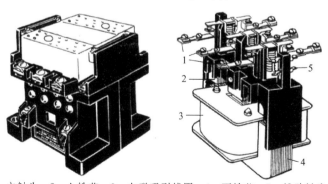

1—主触头；2—上铁芯；3—电磁吸引线圈；4—下铁芯；5—辅助触头

(a) 结构

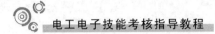
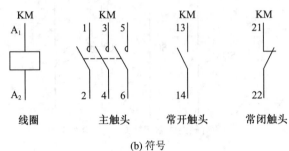

(b) 符号

图 2.14　交流接触器的结构及符号

第 3 章

三相异步电动机的
典型控制线路实训

　　本章主要介绍的是三相异步电动机的典型控制线路搭建及验证，内容涵盖三相异步电动机点动控制线路、三相异步电动机连动控制线路、三相异步电动机正反转控制线路、三相异步电动机顺序控制线路、三相异步电动机星形-三角形启动控制线路等五个方面，其中三相异步电动机星形-三角形启动控制线路为选做项目。

实训基本要求

① 了解三相异步电动机铭牌数据的意义。

② 了解三相异步电动机定子绕组首末端的判别方法。

③ 掌握常用控制电器的结构、用途和工作原理。

④ 理解三相异步电动机点动控制线路和连续启停控制线路的工作原理。

⑤ 理解自锁、点动的概念，以及短路保护、过载保护的概念。

3.1 三相异步电动机点动控制线路

1. 实训所需电气元件明细

实训所需电气元件明细见表 3.1。

表 3.1 电气元件明细

代号	名称	型号	数量	备注
QS	空气开关	DZ47-63-3P-3A	1	
FU_1	熔断器	RT18-32	3	装熔芯 3A
KM	交流接触器	LC1-D0610M5N	1	线圈 AC220V
SB	按钮开关	LAY16	1	绿色
M	三相鼠笼异步电动机	WDJ26（厂编）	1	380V/△

2. 电气原理

点动控制电路中，因为电动机的启动、停止是通过按下或松开按钮来实现的，所以电路中不需要停止按钮；而且，在点动控制电路中，电动机的运行时间较短，无须过热保护装置。

三相异步电动机点动控制线路的电气原理如图 3.1 所示。当合上电源开关 QS 时，电动机是不会启动运转的，因为这时接触器 KM 线圈未能获电，它的触头处在断开状态，电动机 M 的定子绕组上没有电压。若要使电动机 M 转动，只要按下按钮 SB，使接触器 KM 通电，KM 在主电路中的主触头闭合，电动机即可启动；但当松开按钮 SB 时，KM 线圈失电，而使其主触头分开，切断电动机 M 的电源，电动机即停止转动。

在实际电路中，我们常用一个控制变压器来提供控制回路的电源。控制变压器的主要作用是将主电路较高的电压转变为控制回路较低的工作电压，实现电气隔离。需要注意的是变压器的副边要加一个熔断器，否则如果副边控制回路发生短路会将变压器烧毁。

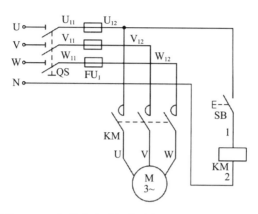

图 3.1　三相异步电动机点动控制线路的电气原理

3.2　三相异步电动机连动控制线路

1. 实训所需电气元件明细

实训所需电气元件明细见表 3.2。

表 3.2　电气元件明细

代号	名称	型号	数量	备注
QS	空气开关	DZ47-63-3P-3A	1	
FU$_1$	熔断器	RT18-32	3	装熔芯 3A
FU$_2$	直插式熔断器	RT14-20	1	装熔芯 2A
KM	交流接触器	LC1-D0610M5N	1	线圈 AC220V
FR	热继电器	JRS1D-25/Z（0.63-1A）	1	
	热继电器座	JRS1D-25 座	1	
SB$_1$	按钮开关	LAY16	1	绿色
SB$_2$	按钮开关	LAY16	1	红色
M	三相鼠笼异步电动机	WDJ26（厂编）	1	380V/△

2. 电气原理

在点动控制的电路中，要使电动机转动，就必须按住按钮不放。而在实际生产中，有些电动机需要长时间连续地运行，使用点动控制是不现实的，这就需要具有接触器自锁的控制电路了。

相对于点动控制的自锁触头，连动控制的自锁触头必须是常开触头且与启动按钮并联。因为电动机是连续工作的，故必须加装热继电器以实现过载保护。具有过载保护的自锁控制电路（连动控制电路）的电气原理如图 3.2 所示。它与点动控制电路的不同之处在于控制电路中增加了一个停止按钮 SB_1，在启动按钮的两端并联了一对接触器的常开触头，增加了过载保护装置（热继电器 FR）。

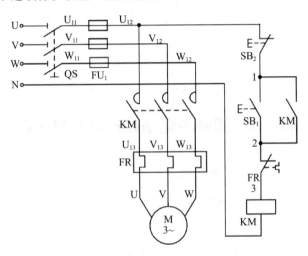

图 3.2　三相异步电动机连动控制线路的电气原理

电路的工作过程：当按下启动按钮 SB_1 时，接触器 KM 线圈通电，主触头闭合，电动机 M 启动旋转。当松开按钮时，电动机不会停转，因为这时，接触器 KM 线圈可以通过辅助触点继续维持通电，保证主触点 KM 仍处在接通状态，电动机 M 就不会失电停转。这种松开按钮仍然自行保持线圈通电的控制电路叫作具有自锁（或自保）的接触器控制电路，简称自锁控制电路。与 SB_1 并联的接触器常开触头称自锁触头。

（1）欠电压保护

"欠电压"是指电路电压低于电动机应加的额定电压。欠电压运行的后果是电动机转矩降低，转速随之下降，影响电动机的正常运行，严重时会损坏电动机，引发事故。在具有接触器自锁的控制电路中，当电动机运转时，电源电压降低到一定值时（一般低到 85% 额定电压以下），由于接触器线圈磁通减弱，电磁吸力克服不了反作用弹簧的压力，动铁芯因而释放，从而使接触器主触头分开，自动切断主电路，电动机停转，达到欠电压保护的目的。

（2）失电压保护

当生产设备运行时，会因某些设备发生故障，引起瞬时断电，而使生产机械停转。当故障排除恢复供电时，由于电动机的重新启动，很可能引起设备与人身事故的发生。采用具有接触器自锁的控制电路时，即使电源恢复供电，因为自锁触头仍然保持断开，接触器线圈不会通电，所以电动机不会自行启动，从而避免了可能发生的事故。这种保护称为失电压保护或零电压保护。

（3）过载保护

具有自锁的控制电路虽然有短路保护、欠电压保护和失电压保护的作用，但实际使用中还不够完善。电动机在运行过程中，若出现长期负载过大，或操作频繁，或三相电路断掉一相运行等情况，都可能使电动机的电流超过它的额定值，有时熔断器在这种情况下尚不会熔断，这将引起电动机绕组过热，损坏电动机绝缘。因此，应对电动机设置过载保护。通常由三相热继电器来完成过载保护。

3.3　三相异步电动机正反转控制线路

1. 实训所需电气元件明细

实训所需电气元件明细见表 3.3。

表 3.3　电气元件明细

代号	名称	型号	数量	备注
QS	空气开关	DZ47-63-3P-3A	1	
FU$_1$	熔断器	RT18-32	3	装熔芯 3A
FU$_2$	直插式熔断器	RT14-20	1	装熔芯 2A
KM$_1$，KM$_2$	交流接触器	LC1-D0610M5N	2	线圈 AC220V
FR	热继电器	JRS1D-25/Z（0.63-1A）	1	
	热继电器座	JRS1D-25 座	1	
SB$_1$	按钮开关	LAY16	1	红色
SB$_2$，SB$_3$	按钮开关	LAY16	2	绿色
M	三相鼠笼异步电动机	WDJ26（厂编）	1	380V/△

2. 电气原理

三相异步电动机正反转控制线路的电气原理如图 3.3 所示，其动作过程如下。

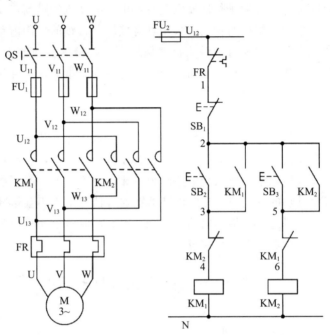

图 3.3　三相异步电动机正反转控制线路的电气原理

（1）正转控制

合上电源开关 QS，按下正转启动按钮 SB_2，正转控制回路接通，KM_1 的线圈通电动作，其常开触头闭合自锁，常闭触头断开对 KM_2 的联锁，同时主触头闭合，主电路按 U，V，W 相序接通，电动机正转。

（2）反转控制

要使电动机改变转向（由正转变为反转），应先按下停止按钮 SB_1，使正转控制电路断开电动机停转，然后才能使电动机反转，为什么要这样操作呢？

因为反转控制回路中串联了正转接触器 KM_1 的常闭触头，当 KM_1 通电工作时，它是断开的，若这时直接按反转按钮 SB_3，反转接触器 KM_2 是无法通电的，电动机也就得不到电源，故电动机仍然处于正转状态，不会反转。电动机停转后按下 SB_3，反转接触器 KM_2 通电动作，主触头闭合，主电路按 W，V，U 相序接通，电动机的电源相序改变了，故电动机做反向旋转。

3.4　三相异步电动机顺序控制线路

1. 实训所需电气元件明细

实训所需电气元件明细见表 3.4。

表 3.4　电气元件明细

代号	名称	型号	数量	备注
QS	空气开关	DZ47-63-3P-3A	1	
FU$_1$	熔断器	RT18-32	3	装熔芯 3A
FU$_2$	直插式熔断器	RT14-20	1	装熔芯 2A
KM$_1$，KM$_2$	交流接触器	LC1-D0610M5N	2	线圈 AC220V
FR$_1$，FR$_2$	热继电器	JRS1D-25/Z（0.63-1A）	2	
	热继电器座	JRS1D-25 座	2	
SB$_1$，SB$_2$	按钮开关	LAY16	2	红色/绿色
SB$_3$	按钮开关	LAY16	2	
M	三相鼠笼异步电动机	WDJ26（厂编）	1	380V/△

2. 电气原理

三相异步电动机顺序控制线路的电气原理如图 3.4 所示。在实际生产中，有时要求电动机间的启动停止必须满足一定的顺序，如主轴电动机的启动必须在油泵动之后，钻床的进给必须在主轴旋转之后等。主电路和控制电路均可实现顺序控制。

三相异步电动机启动顺序控制如下。

按图 3.4 接线。本实训需用 M$_1$，M$_2$ 两只电动机，若只有一只电动机，则可用灯组负载模拟 M$_2$。图中 U，V，W 为实验台上三相调压器的输出插孔。

① 将调压器手柄逆时针旋转到底，启动实验台电源，调节调压器使输出线电压为 220 V。

② 按下 SB$_1$，观察电动机运行情况及接触器吸合情况。

③ 保持 M_1 运转时按下 SB_2，观察电动机运转及接触器吸合情况。

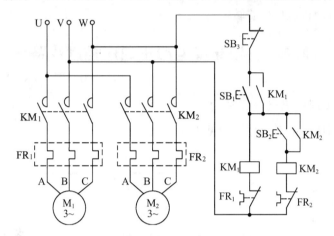

图 3.4　三相异步电动机顺序控制线路的电气原理

*3.5　三相异步电动机星形-三角形启动控制线路

1. 实训目的

① 通过对三相异步电动机降压启动的接线，进一步掌握降压启动在机床控制中的应用。

② 了解采用不同降压启动控制方式时电流和启动转矩的差别。

③ 掌握在各种不同场合下选择适合的启动方式。

2. 实训所需电气元件明细

实训所需电气元件明细见表 3.5。

表 3.5　电气元件明细

代号	名称	型号	数量	备注
QS	空气开关	DZ47-63-3P-3A	1	
FU_1	熔断器	RT18-32	3	装熔芯 3A
FU_2，FU_3，FU_4	直插式熔断器	RT14-20	1	装熔芯 2A

代号	名称	型号	数量	备注
KM_1，KM_2，KM_3	交流接触器	LC1-D0610M5N	2	线圈 AC220V
FR	热继电器	JRS1D-25/Z（0.63-1A）	1	
	热继电器座	JRS1D-25 座	1	
KT	时间继电器	ST3PA-B（0～60S）/220V	1	
	时间继电器方座	PF-083A	1	
SB_1	按钮开关	LAY16	1	绿色
SB_2	按钮开关	LAY16	1	红色
M	三相鼠笼异步电动机	WDJ26（厂编）	1	380V/△

3. 电气原理

功率较大的电动机在启动时启动电流很大，容易对电网造成冲击，为此要采取启动措施以限制启动电流。常采用的启动措施就是降压，即将电源电压适当降低后，再加到电动机定子绕组上进行启动。当电动机启动后，再使电压恢复到额定值。这种启动方法称为降压启动。那么如何降压呢？有一种方法就是三相电动机定子绕组的星形-三角形换接，即让电动机在星形接法下启动，当电动机启动后，再改成三角形接法，让电动机在三角形接法下正常运行。这种启动方法就称为星形-三角形降压启动。为什么将定子绕组由三角形接法改成星形接法就能降压、限制启动电流呢？降压降了多少？限流又限了多少呢？

现介绍星形-三角形降压启动的基本原理。星形-三角形降压启动控制线路的电气原理如图 3.5 所示。星形-三角形启动是指为减少电动机启动时的电流，将正常工作接法为三角形的电动机在启动时改为星形接法。此时启动电流降为原来的 1/3，启动转矩也降为原来的 1/3。

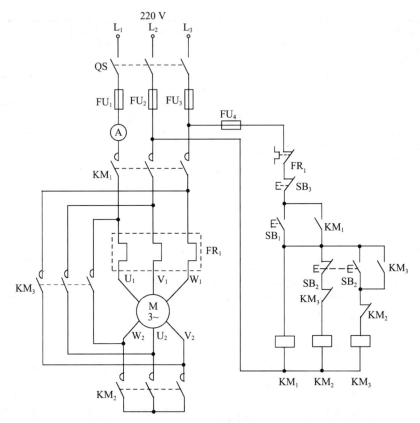

图 3.5　接触器控制星形-三角形降压启动控制线路的电气原理

4. 星形-三角形降压启动控制线路

（1）主电路设计分析

两种接法下的 U_1，V_1，W_1 都要分别接电源，可用一个接触器（KM_1）控制。星形接法下的 U_2，V_2，W_2 须连在一起，还需要一个接触器（KM_2）控制；三角形接法下的 U_2 与 V_1、V_2 与 W_1、W_2 与 U_1 须分别连接，还需要一个接触器（KM_3）控制。由这三个接触器就可实现三相定子绕组的两种接法及电源的控制，就可实现三相电动机的星形-三角形降压启动。

该主电路对控制电路的要求是：按下启动按钮，电动机刚开始启动时，接触器 KM_1，KM_2 获电吸合，电动机在星形接法下开始启动；当电动机启动后，让 KM_2 释放，星形接法解除；然后让 KM_3 获电吸合，电动机改接成三角形接法，进入正常运行状态，电动机启动完毕。据此可设计按钮控制电路。

（2）按钮控制电路设计分析

KM_2，KM_3 两接触器绝对不能同时吸合，否则将造成短路事故，所以两接触器间必须联锁；同时，利用 KM_3 的锁触头使 KM_2 的线圈在切换按钮 SB_3 的常闭触头恢复闭合时不会重新获电，从而使电动机在 KM_1，KM_3 的控制下正常运行。

（3）自动控制电路设计分析

上述按钮控制电路在电动机的启动过程中，需按动两次按钮，控制烦琐，且操作者还要注意操作按动按钮的时间间隔。为了实现自动控制，可采用一个时间继电器 KT 代替按钮 SB_3 来实现星形接法向三角形接法的换接。

第 4 章

典型机床控制线路的连接与排故

　　本章主要介绍的是典型机床控制线路的连接与排故，内容涵盖 X62W 万能铣床控制线路、T68 镗床电路控制线路、CA6140 车床控制线路及 M7120 平面磨床控制线路四种控制线路。

实训基本要求

① 通过对机床控制线路的接线与检测，进一步掌握低压元器件在机床控制中的应用。

② 了解不同低压元器件搭配控制方式的差别。

③ 掌握多种电动机控制线路的设计与检测。

4.1　X62W万能铣床控制线路排故实训

1. 电气原理

（1）主轴电动机的控制

控制线路的启动按钮 SB_1 和 SB_2 是异地控制按钮，方便操作；SB_3 和 SB_4 是停止按钮。KM_3 是主轴电动机 M_1 的启动接触器，KM_2 是主轴反接制动接触器，SQ_7 是主轴变速冲动开关，KS 是速度继电器。

① 主轴电动机的启动。启动前先合上电源开关 QS，再把主轴转换开关 SA_5 扳到所需的旋转方向，然后按启动按钮 SB_1（或 SB_2），接触器 KM_3 获电动作，其主触头闭合，主轴电动机 M_1 启动。

② 主轴电动机的停车制动。当铣削完毕，需要主轴电动机 M_1 停车。当电动机 M_1 运转速度在 120 r/min 以上时，速度继电器 KS 的常开触头闭合（9 区或 10 区），为停车制动做好准备。当要 M_1 停车时，就按下停止按钮 SB_3（或 SB_4）使常闭断开，KM_3 断电释放，KM_3 主触头断开，电动机 M_1 断电做惯性减速运转；按钮 SB_3（或 SB_4）常开闭合，接触器 KM_2 线圈获电吸合，电动机 M_1 串电阻 R 反接制动。当转速降至 120 r/min 以下时，速度继电器 KS 常开触头断开，接触器 KM_2 断电释放，停车反接制动结束。

③ 主轴的冲动控制。当需要主轴冲动时，按下冲动开关 SQ_7，SQ_7 的常闭触头 SQ_{7-2} 先断开，而后常开触头 SQ_{7-1} 闭合，使接触器 KM_2 通电吸合，电动机 M_1 启动，松开开关，机床模拟冲动完成。

（2）工作台进给电动机控制

转换开关 SA_1 是控制圆工作台的，在不需要圆工作台运动时，转换开关扳到"断开"位置，此时 SA_{1-1} 闭合，SA_{1-2} 断开，SA_{1-3} 闭合；当需要圆工作台运动时，将转换开关扳到"接通"位置，则 SA_{1-1} 断开，SA_{1-2} 闭合，SA_{1-3} 断开。

① 工作台纵向进给。工作台的左右（纵向）运动是由"工作台纵向操作手柄"控制的。手柄有三个位置：向左、向右、零位（停止）。当手柄扳到向左或向右位置时，手柄有两个功能：一是压下位置开关 SQ_1 或 SQ_2；二是通过机械机构将电动机的传动链拨向工作台下面的丝杆上，使电动机的动力唯一地传到该丝杆上，然后工作台在丝杆带动下做左右进给。在工作台两端各设置一块挡铁，当工作台纵向运动到极限

位置时，挡铁撞到纵向操作手柄，使它回到中间位置，工作台停止运动，从而实现纵向运动的终端保护。

a. 工作台向右运动。主轴电动机 M_1 启动后，将操纵手柄向右扳，其联动机构压动位置开关 SQ_1，常开触头 SQ_{1-1} 闭合，常闭触头 SQ_{1-2} 断开，接触器 KM_4 通电吸合，电动机 M_2 正转启动，带动工作台向右进给。

b. 工作台向左进给控制过程与向右进给相似，只是将纵向操作手柄拨向左，这时位置开关 SQ_2 被压着，SQ_{2-1} 闭合，SQ_{2-2} 断开，接触器 KM_5 通电吸合，电动机反转，工作台向左进给。

② 工作台升降和横向（前后）进给。操纵工作台上下和前后运动是用同一手柄完成的。该手柄有五个位置，即上、下、前、后和中间位置。当手柄扳向上或向下时，机械上接通了垂直进给离合器；当手柄扳向前或扳向后时，机械上接通了横向进给离合器；手柄在中间位置时，横向和垂直进给离合器均不接通。

当手柄扳到向下或向前位置时，手柄通过机械联动机构使位置开关 SQ_3 被压合，接触器 KM_4 通电吸合，电动机正转；当手柄扳到向上或向后位置时，位置开关 SQ_4 被压合，接触器 KM_5 通电吸合，电动机反转。

此五个位置是互锁的，各方向的进给不能同时接通，所以不可能出现传动紊乱的现象。

a. 工作台向上（下）运动。在主轴电动机启动后，将纵向操作手柄扳到中间位置，把横向和升降操作手柄扳到向上（下）位置，并联动机构一方面接通垂直传动丝杆的离合器；另一方面使位置开关 SQ_4（SQ_3）动作，KM_5（KM_4）获电，电动机 M_2 反（正）转，带动工作台向上（下）运动。将手柄扳回中间位置，工作台停止运动。

b. 工作台向前（后）运动。手柄扳到向前（后）位置，机械装置将横向传动丝杆的离合器接通，同时压动位置开关 SQ_3（SQ_4），KM_4（KM_5）获电，电动机 M_2 正（反）转，带动工作台向前（后）运动。

（3）互锁问题

① 进给运动。机床在上、下、前、后四个方向进给的同时，操作纵向控制这两个方向的进给，将造成机床重大事故，所以必须互锁保护。当上、下、前、后四个方向进给时，若操作纵向任一方向，SQ_{1-2} 或 SQ_{2-2} 两个开关中的一个被压开，接触器 KM_4（KM_5）立刻失电，电

动机 M_2 停转，从而得到保护。

同理，当纵向操作时又操作某一方向而选择了向左或向右进给时，SQ_1 或 SQ_2 被压着，它们的常闭触头 SQ_{1-2} 或 SQ_{2-2} 是断开的，接触器 KM_4 或 KM_5 都由 SQ_{3-2} 和 SQ_{4-2} 接通。若发生误操作，而选择上、下、前、后某一方向的进给，就一定使 SQ_{3-2} 或 SQ_{4-2} 断开，使 KM_4 或 KM_5 断电释放，电动机 M_2 停止运转，从而避免了机床事故。

② 进给冲动。机床为使齿轮进入良好的啮合状态，将变速盘向里推。在推进时，挡块压动位置开关 SQ_6，首先使常闭触头 SQ_{6-2} 断开，然后常开触头 SQ_{6-1} 闭合，接触器 KM_4 通电吸合，电动机 M_2 启动。但它并未转动，位置开关 SQ_6 已复位，首先断开 SQ_{6-1}，然后闭合 SQ_{6-2}，接触器 KM_4 失电，电动机失电停转。这样，电动机接通一下电源，齿轮系统产生一次抖动，齿轮啮合便顺利进行。要冲动时，按下冲动开关 SQ_6，可模拟冲动。

③ 工作台的快速移动。在工作台向某个方向运动时，按下按钮 SB_5 或 SB_6（两地控制），接触器闭合 KM_6 通电吸合，它的常开触头（4 区）闭合，电磁铁 YB 通电（指示灯亮）模拟快速进给。

④ 圆工作台的控制。把圆工作台控制开关 SA_1 扳到"接通"位置，此时 SA_{1-1} 断开，SA_{1-2} 接通，SA_{1-3} 断开。主轴电动机启动后，圆工作台即开始工作。其控制电路是：电源—SQ_{4-2}—SQ_{3-2}—SQ_{1-2}—SQ_{2-2}—SA_{1-2}—KM_4 线圈—电源。接触器 KM_4 通电吸合，电动机 M_2 运转。

铣床为了扩大机床的加工能力，可在机床上安装附件圆工作台，这样可以进行圆弧或凸轮的铣削加工。拖动时，所有进给系统均停止工作，只让圆工作台绕轴心回转。该电动机带动一根专用轴，使圆工作台绕轴心回转，铣刀铣出圆弧。在圆工作台开动时，其余进给一律不准运动。若有误操作动了某个方向的进给，则必然会使开关 $SQ_1 \sim SQ_4$ 中的某一个常闭触头断开，使电动机停转，从而避免了机床事故的发生。按下主轴停止按钮 SB_3 或 SB_4，主轴停转，圆工作台也停转。

（4）冷却照明控制

要启动冷却泵时，扳动开关 SA_3，接触器 KM_1 通电吸合，电动机 M_3 运转，冷却泵启动。机床照明是由变压器 T 供给 36 V 电压，工作灯由 SA_4 控制（附图 1）。

2. X62W 万能铣床电路实训单元故障现象

① 098 号至 105 号间断路：主轴电动机正反转均缺一相，进给电动

机、冷却泵缺一相，控制变压器及照明变压器均没电。

② 113 号至 114 号间断路：主轴电动机无论正反转均缺一相。

③ 144 号至 159 号间断路：进给电动机反转缺一相。

④ 161 号至 162 号间断路：快速进给电磁铁不能动作。

⑤ 170 号至 180 号间断路：照明及控制变压器没电，照明灯不亮，控制回路失效。

⑥ 181 号至 182 号间断路：控制变压器缺一相，控制回路失效。

⑦ 184 号至 187 号间断路：照明灯不亮。

⑧ 002 号至 012 号间断路：控制回路失效。

⑨ 001 号至 003 号间断路：控制回路失效。

⑩ 022 号至 023 号间断路：主轴制动、冲动失效。

⑪ 040 号至 041 号间断路：主轴不能启动。

⑫ 024 号至 042 号间断路：主轴不能启动。

⑬ 008 号至 045 号间断路：工作台进给控制失效。

⑭ 060 号至 061 号间断路：工作台向下、向右、向前进给控制失效。

⑮ 080 号至 081 号间断路：工作台向后、向上、向左进给控制失效。

⑯ 082 号至 086 号间断路：两处快速进给全部失效。

⑰ 148 号至 160 号间断路：照明及控制电路全部失效。

⑱ 195 号至 196 号间断路：冷却泵指示灯与进给后、上、左指示灯失效。

⑲ 005 号至 006 号间短路：冷却泵无法正常关闭。

⑳ 004 号至 013 号间断路：冷却泵正常工作，其他控制均失效。

㉑ 013 号至 015 号间断路：可以进给冲动，其他控制均失效。

㉒ 025 号至 027 号间断路：可以进给冲动，其他控制均失效。

㉓ 018 号至 019 号间断路：主轴 SB_3 号能够正常制动，SB_4 号不能制动。

㉔ 034 号至 037 号间断路：主轴不能自锁，SB_2 号无法启动主轴。

㉕ 037 号至 043 号间断路：主轴不能自锁。

㉖ 044 号至 049 号间断路：主轴正常控制，无法进给。

㉗ 047 号至 051 号间断路：不能进行进给冲动。

㉘ 049 号至 063 号间断路：进给冲动正常，无法进行进给控制。

㉙ 064 号至 065 号间断路：进给冲动正常，无法进行进给控制。

㉚ 048 号至 072 号间断路：圆工作台控制失效。

㉛ 073 号至 077 号间断路：铣床前、下控制失效。

㉜ 076 号至 084 号间断路：快速移动按钮 SB_5 失效。

【注】故障说明格式：例如，098 号代表电气原理图中线号为 098 的端子（附图 1、附图 2）。

3. X62W 万能铣床控制线路电气原理图

X62W 万能铣床控制线路电气原理图（无故障点）如附图 1 所示。

X62W 万能铣床控制线路电气原理图（有故障点）如附图 2 所示。

4.2　T68镗床控制线路排故实训

1. 电气原理

（1）主轴电动机 M_1 的控制

① 主轴电动机的正反转控制。按下正转按钮 SB_3，接触器 KM_1 线圈获电吸合，主触头闭合（此时开关 SQ_2 已闭合），KM_1 的常开触头（8 区和 13 区）闭合，接触器 KM_3 线圈获电吸合，接触器主触头闭合，制动电磁铁 YB 获电松开（指示灯亮），电动机 M_1 接成三角形正向启动。

反转时，只需按下反转启动按钮 SB_2，动作原理同上，所不同的是接触器 KM_2 获电吸合。

② 主轴电动机 M_1 的点动控制。按下正向点动按钮 SB_4，接触器 KM_1 线圈获电吸合，KM_1 常开触头（8 区和 13 区）闭合，接触器 KM_3 线圈获电吸合。不同于正转的是，按钮 SB_4 的常闭触头切断了接触器 KM_1 的自锁，只能点动。这样 KM_1 和 KM_3 的主触头闭合便使电动机 M_1 接成三角形连接，从而实现点动。同理，按下反向点动按钮 SB_5，接触器 KM_2 和 KM_3 线圈获电吸合，M_1 反向点动。

③ 主轴电动机 M_1 的停车制动。当电动机正处于正转运转时，按下停止按钮 SB_1，接触器 KM_1 线圈断电释放，KM_1 的常开触头闭合因断电而断开，KM_3 也断电释放。制动电磁铁 YB 因失电而制动，电动机 M_1 制动停车。

反转制动只需按下制动按钮 SB_1，动作原理同上，所不同的是接触

器 KM_2 反转制动停车。

④ 主轴电动机 M_1 的高、低速控制。若选择电动机 M_1 在低速运行，可通过变速手柄使变速开关 SQ_1（16 区）处于断开低速位置，相应的时间继电器 KT 线圈也断电，电动机 M_1 只能由接触器 KM_3 接成三角形连接，从而实现低速运动。

如果需要电动机高速运行，应首先通过变速手柄使变速开关 SQ_1 压合接通处于高速位置，然后按正转启动按钮 SB_3（或反转启动按钮 SB_2），时间继电器 KT 线圈获电吸合。由于 KT 两副触头延时动作，KM_3 线圈先获电吸合，电动机 M_1 接成三角形连接，以低速启动。以后 KT 的常闭触头（13 区）延时断开，KM_3 线圈断电释放，KT 的常开触头（14 区）延时闭合，KM_4，KM_5 线圈获电吸合，电动机 M_1 接成 Y 形连接，以高速运行。

（2）快速移动电动机 M_2 的控制

主轴的轴向进给、主轴箱（包括尾架）的垂直进给、工件台的纵向和横向进给等的快速移动，是由电动机 M_2 通过齿轮、齿条等完成的。快速手柄扳到正向快速位置时，压合行程开关 SQ_6，接触器 KM_6 线圈获电吸合，电动机 M_2 正转启动，实现快速正向移动。将快速手柄扳到反向快速位置，行程开关 SQ_5 被压合，KM_7 线圈获电吸合，电动机 M_2 反向快速移动。

（3）互锁保护

为了防止出现工作台或主轴箱自动快速进给时又将主轴进给手柄扳到自动快速进给这一误操作，就采用了与工作台和主轴箱进给手柄有机械连接的行程开关 SQ_3。当上述手柄扳到工作台（或主轴箱）自动快速进给的位置时，SQ_3 被压断开。在主轴箱上还装有另一个行程开关 SQ_4，它与主轴进给手柄有机械连接。当这个手柄动作时，SQ_4 也受压断开。电动机 M_1 和 M_2 必须在行程开关 SQ_3 和 SQ_4 中有一个处于闭合状态时，才可以启动。如果工作台（或主轴箱）在自动进给（此时 SQ_3 断开）时，再将主轴进给手柄扳到自动进给位置（SQ_4 也断开），那么电动机 M_1 和 M_2 便都自动停车，从而达到互锁保护之目的。

2. T68 镗床电路实训单元故障现象

① 085 号至 090 号间断路：所有电动机缺相，控制回路失效。

② 096 号至 111 号间断路：主轴电动机及工作台进给电动机，无论正反转均缺相，控制回路正常。

③ 098 号至 099 号间断路：主轴正转缺一相。

④ 107 号至 108 号间断路：主轴正反转均缺一相。

⑤ 137 号至 143 号间断路：主轴电动机低速运转、制动电磁铁不能动作。

⑥ 146 号至 151 号间断路：进给电动机正转时缺一相。

⑦ 151 号至 152 号间断路：进给电动机无论正反转均缺一相。

⑧ 155 号至 163 号间断路：控制变压器缺一相，控制回路及照明回路均没电。

⑨ 018 号至 019 号间断路：主轴电动机正转点动与启动均失效。

⑩ 008 号至 030 号间断路：控制回路全部失效。

⑪ 029 号至 042 号间断路：主轴电动机反转点动与启动均失效。

⑫ 030 号至 052 号间断路：主轴电动机的高低速运行及快速移动电动机均不可启动。

⑬ 048 号至 049 号间断路：主轴电动机的低速不能启动；高速时，无低速过渡。

⑭ 054 号至 055 号间断路：主轴电动机的高速运行失效。

⑮ 066 号至 073 号间断路：快速移动电动机，无论正反转均失效。

⑯ 072 号至 073 号间断路：快速移动电动机正转不能启动。

⑰ 120 号至 138 号间断路：YB 灯失效。

⑱ 169 号至 170 号间断路：EL 灯失效。

⑲ 179 号至 180 号间断路：主轴电动机反转运行时，HL_1 灯、HL_2 灯、HL_3 灯均失效。

⑳ 199 号至 200 号间断路：主轴电动机正反运行时，HL_1 灯、HL_2 灯、HL_3 灯、HL_4 灯均失效。

㉑ 007 号至 009 号间断路：除照明电路外，控制回路均失效。

㉒ 010 号至 011 号间断路：进给电动机进给时，控制回路失效。

㉓ 016 号至 017 号间断路：按下 SB_3，主轴电动机无法正转。

㉔ 028 号至 034 号间断路：主轴电动机反转时自锁失效。

㉕ 056 号至 059 号间断路：主轴电动机无法转到高速。

㉖ 009 号至 074 号间断路：主轴电动机变速时，控制回路失效。

㉗ 043 号至 067 号间断路：主轴电动机变速时，进给电动机控制失效。进给电动机进给时，主轴电动机失效。

㉘ 044 号至 045 号间断路：YB 灯失效，主轴电动机失效。

㉙ 053 号至 061 号间断路：SQ_1 压合高速位置时，主轴电动机无法转到高速，KT 无法通电。

㉚ 062 号至 063 号间断路：SQ_1 压合高速位置时，主轴电动机无法转到高速，KT 无法通电。

㉛ 070 号至 071 号间断路：进给电动机正转失效。

㉜ 079 号至 080 号间断路：进给电动机反转失效。

【注】故障说明格式：例如，085 号代表电气原理图中线号为 085 的端子（附图 3、附图 4）。

3. T68 镗床控制线路电气原理图

T68 镗床控制线路电气原理图（无故障点）如附图 3 所示。

T68 镗床控制线路电气原理图（有故障点）如附图 4 所示。

4.3 CA6140车床控制线路排故实训

1. 电气原理

（1）主电路分析

主电路中共有三台电动机：M_1 为主轴电动机，带动主轴旋转和刀架做进给运动；M_2 为冷却泵电动机；M_3 为刀架快速移动电动机。三相交流电源通过开关 QS_1 引入。主轴电动机 M_1 由接触器 KM_1 控制启动，热继电器 FR_1 为主轴电动机 M_1 的过载保护。冷却泵 M_2 由接触器 KM_2 控制启动，热继电器 FR_2 为 M_2 的过载保护。刀架快速移动电动机 M_3 由接触器 KM_3 控制启动。因为 M_3 进行的是短期工作，所以未设有过载保护。

（2）控制电路分析

控制回路的电源由控制变压器 TC 输出 127 V 电压提供。

① 主轴电动机的控制。按下启动按钮 SB_2，接触器 KM_1 的线圈获电动作，其主触头闭合，主轴电动机启动运行。同时，KM_1 的自锁触头和另一副常开触头闭合。按下按钮 SB_1，主轴电动机 M_1 停车。

② 冷却电动机控制。如果车削加工过程中，工艺需要使用冷却液时，可以合上开关 QS_2，在主轴电动机 M_1 运转情况下，接触器 KM_2 线圈获电吸合，其主触头闭合，冷却泵电动机获电运行。由电气原理图可知，只有电动机 M_1 启动后，冷却泵电动机 M_2 才有可能启动；当 M_1

停止运行时，M₂ 也自动停止。

③ 刀架快速移动电动机的控制。刀架快速移动电动机 M_3 的启动由按钮 SB_3 控制，它与接触器 KM_3 组成点动控制环节。将操纵手柄扳到所需的方向，压下按钮 SB_3，接触器 KM_3 获电吸合，M_3 启动，刀架就向指定方向快速移动。

（3）照明、信号灯电路分析

控制变压器 TC 的副边分别输出 36 V 和 127 V 电压，作为机床低压照明灯、信号灯的电源。EL 为机床的低压照明灯，由开关 SA 控制；HL 为电源的信号灯。它们分别采用 FU 和 FU_3 作为短路保护（附图 5）。

2. CA6140 车床电路实训单元故障现象

① 038 号至 041 号间断路：全部电动机均缺一相，所有控制回路失效。

② 049 号至 050 号间断路：主轴电动机缺一相。

③ 052 号至 053 号间断路：主轴电动机缺一相。

④ 060 号至 067 号间断路：M_2，M_3 电动机缺一相，控制回路失效。

⑤ 063 号至 064 号间断路：冷却泵电动机缺一相。

⑥ 075 号至 076 号间断路：冷却泵电动机缺一相。

⑦ 078 号至 079 号间断路：刀架快速移动电动机缺一相。

⑧ 084 号至 085 号间断路：刀架快速移动电动机缺一相。

⑨ 002 号至 005 号间断路：除照明灯外，其他控制均失效。

⑩ 004 号至 028 号间断路：控制回路失效。

⑪ 008 号至 009 号间断路：指示灯亮，其他控制均失效。

⑫ 015 号至 016 号间断路：主轴电动机不能启动。

⑬ 017 号至 022 号间断路：除刀架快速移动控制外其他控制失效。

⑭ 020 号至 021 号间断路：刀架快速移动电动机不启动，刀架快速移动失效。

⑮ 022 号至 028 号间断路：机床控制均失效。

⑯ 026 号至 027 号间断路：主轴电动机启动，冷却泵控制失效，QS_2 不起作用。

⑰ 033 号至 036 号间断路：全部电动机缺一相，控制回路失效。

⑱ 051 号至 058 号间断路：冷却泵电动机、刀架快速移动电动机缺一相。

⑲ 062 号至 077 号间断路：刀架快速移动电动机缺一相，控制回路

失效。

⑳ 072 号至 083 号间断路：刀架快速移动电动机缺一相。

㉑ 077 号至 086 号间断路：所有控制回路失效。

㉒ 080 号至 087 号间断路：所有控制回路失效。

㉓ 091 号至 092 号间断路：照明及显示电路失效。

㉔ 093 号至 094 号间断路：EL 低压照明灯失效。

㉕ 099 号至 103 号间断路：HL_2，HL_3 失效。

㉖ 005 号至 006 号间断路：HL 电源灯失效。

㉗ 010 号至 011 号间断路：全部电动机失效。

㉘ 012 号至 018 号间断路：主轴电动机不能自锁。

㉙ 014 号至 015 号间断路：主轴电动机失效。

㉚ 011 号至 019 号间断路：冷却泵电动机、刀架快速移动电动机失效。

㉛ 019 号至 023 号间断路：冷却泵电机失效。

㉜ 024 号至 025 号间断路：冷却泵电机失效。

【注】故障说明格式：例如，038 号代表电气原理图中线号为 038 的端子（附图 5、附图 6）。

3. CA6140 车床控制线路电气原理图

CA6140 车床控制线路电气原理图（无故障点）如附图 5 所示。

CA6140 车床控制线路电气原理图（有故障点）如附图 6 所示。

4.4　M7120平面磨床控制线路排故实训

1. 电气原理

M7120 平面磨床的电气控制线路可分为主电路、控制电路、电磁工作台控制电路及照明与指示灯电路四部分。

（1）主电路分析

主电路中共有四台电动机：M_1 是液压泵电动机，实现工作台的往复运动。M_2 是砂轮电动机，带动砂轮转动来完成磨削加工工件。M_3 是冷却泵电动机，只要求单向旋转，分别用接触器 KM_1，KM_2 控制。冷却泵电动机 M_3 只有在砂轮电动机 M_2 运转后才能运转。M_4 是砂轮升降电动机，用于磨削过程中调整砂轮和工件之间的位置。M_1，M_2，

M_3 是长期工作的，所以都装有过载保护；M_4 是短期工作的，不设过载保护。四台电动机共用一组熔断器 FU_1 作短路保护。

（2）控制电路分析

① 液压泵电动机 M_1 的控制。合上总开关 QS_1 后，整流变压器一个副边输出 130 V 交流电压，经桥式整流器 VC 整流后得到直流电压，使电压继电器 KA 获电动作，其常开触头（7 区）闭合，为启动电动机做好准备。如果 KA 不能可靠动作，那么各电动机均无法运行。因为平面磨床的工件靠直流电磁吸盘的吸力将工件吸牢在工作台上，只有具备可靠的直流电压后，才允许启动砂轮和液压系统，以保证安全。当 KA 吸合后，按下启动按钮 SB_3，接触器 KM_1 通电吸合并自锁，工作台电动机 M_1 启动运转，HL_2 灯亮。若按下停止按钮 SB_2，接触器 KM_1 线圈断电释放，电动机 M_1 断电停转。

② 砂轮电动机 M_2 及冷却泵电动机 M_3 的控制。按下启动按钮 SB_5，接触器 KM_2 线圈获电动作，砂轮电动机 M_2 启动运转。由于冷却泵电动机 M_3 与 M_2 联动控制，所以 M_3 与 M_2 同时启动运转。按下停止按钮 SB_4 时，接触器 KM_3 线圈断电释放，M_2 与 M_3 同时断电停转。两台电动机的热断电器 FR_2 和 FR_3 的常闭触头都串联在 KM_2 中，只要有一台电动机过载，就会使 KM_2 失电。因冷却液循环使用，经常混有污垢杂质，很容易引起电动机 M_3 过载，故用热继电器 FR_3 进行过载保护。

③ 砂轮升降电动机 M_4 的控制。砂轮升降电动机只有在调整工件和砂轮之间位置时使用，所以用点动控制。当按下点动按钮 SB_6 时，接触器 KM_3 线圈获电吸合，电动机 M_4 启动正转，砂轮上升。到达所需位置时，松开 SB_6，KM_3 线圈断电释放，电动机 M_4 停转，砂轮停止上升。按下点动按钮 SB_7，接触器 KM_4 线圈获电吸合，电动机 M_4 启动反转，砂轮下降。到达所需位置时，松开 SB_7，KM_4 线圈断电释放，电动机 M_4 停转，砂轮停止下降。为了防止电动机 M_4 的正反转线路同时接通，故在对方线路中串入接触器 KM_4 和 KM_3 的常闭触头进行互锁控制。

（3）电磁吸盘控制电路分析

电磁吸盘是固定加工工件的一种夹具。利用通电导体在铁芯中产生的磁场吸牢铁磁材料的工件，以便加工。它与机械夹具比较，具有夹紧迅速，不损伤工件，一次能吸牢若干小工件，以及工件发热可以自由伸缩等优点。因而电磁吸盘在平面磨床上应用十分广泛。电磁吸盘的控制电路包括整流装置、控制装置和保护装置三个部分。整流装置由变压器

TC 和单相桥式全波整流器 VC 组成，供给 120 V 直流电源。控制装置由按钮 SB_8，SB_9，SB_{10} 和接触器 KM_5，KM_6 等组成。

充磁过程如下：

按下充磁按钮 SB_8，接触器 KM_5 线圈获电吸合，KM_5 主触头（15，18 区）闭合，电磁吸盘 YH 线圈获电，工作台充磁吸住工件。同时，其自锁触头闭合，互锁触头断开。磨削加工完毕，在取下加工完成的工件时，先按 SB_9，切断电磁吸盘 YH 的直流电源。因为吸盘和工件都有剩磁，所以需要对吸盘和工件进行去磁。

去磁过程如下：

按下点动按钮 SB_{10}，接触器 KM_6 线圈获电吸合，KM_6 的两副主触头（15，18 区）闭合，电磁吸盘通入反相直流电，使工作台和工件去磁。去磁时，为防止因时间过长使工作台反向磁化，再次吸住工件，因而接触器 KM_6 采用点动控制。保护装置由放电电阻 R 和电容 C 及零压继电器 KA 组成。电阻 R 和电容 C 的作用是：电磁吸盘是一个大电感，在充磁吸工件时，存储大量磁场能量。当它脱离电源时的一瞬间，吸盘 YH 的两端产生较大的自感电动势，会使线圈和其他电器损坏，因此用电阻和电容组成放电回路。利用电容 C 两端的电压不能突变的特点，使电磁吸盘线圈两端电压变化趋于缓慢；利用电阻 R 消耗电磁能量。如果参数选配得当，R-L-C 电路可以组成一个衰减振荡电路，对去磁将是十分有利的。零压继电器 KA 的作用是：在加工过程中，若电源电压不足，则电磁吸盘将吸不牢工件，会导致工件被砂轮打出，造成严重事故。因此，在电路中设置了零压继电器 KA，将其线圈并联在直流电源上，其常开触头（7 区）串联在液压泵电动机和砂轮电动机的控制电路中，若电磁吸盘吸不牢工件，KA 就会释放，使液压泵电动机和砂轮电动机停转，保证了安全。

（4）照明与指示灯电路分析

EL 为照明灯，其工作电压为 36 V，由变压器 TC 供给。QS_2 为照明开关。HL_1，HL_2，HL_3，HL_4，HL_5，HL_6 和 HL_7 为指示灯，其工作电压为 6.3 V，也由变压器 TC 供给。指示灯的作用是：

① HL_1 亮，表示控制电路的电源正常；不亮，表示电源有故障。

② HL_2 亮，表示工作台电动机 M_1 处于运转状态，工作台正在进行往复运动；不亮，表示 M_1 停转。

③ HL_3，HL_4 亮，表示砂轮电动机 M_2 及冷却泵电动机 M_3 处于运

转状态；不亮，表示 M_2，M_3 停转。

④ HL_5 亮，表示砂轮升降电动机 M_4 处于上升工作状态；不亮，表示 M_4 停转。

⑤ HL_6 亮，表示砂轮升降电动机 M_4 处于下降工作状态；不亮，表示 M_4 停转。

⑥ HL_7 亮，表示电磁吸盘 YH 处于工作状态（充磁和去磁）；不亮，表示电磁吸盘未工作。

2. M1720 平面磨床电路实训单元故障现象

① 016 号至 017 号间断路：液压泵电动机缺一相。

② 037 号至 038 号间断路：砂轮电动机、冷却泵电动机均缺一相（同一相）。

③ 039 号至 040 号间断路：砂轮电动机缺一相。

④ 048 号至 062 号间断路：砂轮下降电动机缺一相。

⑤ 061 号至 068 号间断路：控制变压器缺一相，控制回路失效。

⑥ 085 号至 101 号间断路：控制回路失效。

⑦ 099 号至 100 号间断路：液压泵电动机不启动。

⑧ 087 号至 150 号间断路：继电器 KA 不动作，液压泵、砂轮冷却、砂轮升降、电磁吸盘均不能启动。

⑨ 120 号至 121 号间断路：砂轮上升失效。

⑩ 128 号至 138 号间断路：电磁吸盘充磁和去磁失效。

⑪ 136 号至 137 号间断路：电磁吸盘不能充磁。

⑫ 142 号至 143 号间断路：电磁吸盘不能去磁。

⑬ 146 号至 147 号间断路：整流电路中无直流电，继电器 KA 不动作。

⑭ 077 号至 170 号间断路：照明灯不亮。

⑮ 159 号至 164 号间断路：电磁吸盘充磁失效。

⑯ 174 号至 175 号间断路：电磁吸盘不能去磁。

【注】故障说明格式：例如，016 号代表电气原理图中线号为 016 的端子（附图 7、附图 8）。

3. M7120 平面磨床控制线路电气原理图

M7120 平面磨床控制线路电气原理图（无故障点）如附图 7 所示。

M7120 平面磨床控制线路电气原理图（有故障点）如附图 8 所示。

第 5 章

典型整流电路的验证仿真

本章主要介绍的是典型整流电路的基本原理及相关参数的验证，内容涵盖单相桥式全控整流电路的组成、元器件的选择、电路参数的计算及 MATLAB 验证模型的构建四个方面。

5.1　整流电路

单相相控整流电路可分为单相半波、单相全波和单相桥式相控整流电路，因所连接的负载性质不同，各类相控整流电路有不同的特点。而负载性质又分为带电阻性负载、电阻-电感性负载和反电动势负载时的工作情况。

单相桥式全控整流电路（电阻-电感性负载）如图 5.1 所示。

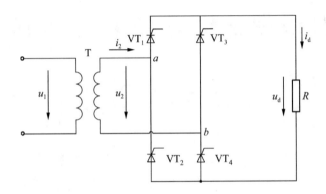

图 5.1　全控整流电路

此电路对每个导电回路进行控制，与单相桥式半控整流电路相比，无须使用续流二极管，也不会出现失控现象，且负载形式多样，整流效果好，波形平稳，应用广泛。在变压器二次绕组中，正负两个半周电流方向相反且波形对称，平均值为零，即直流分量为零，不存在变压器直流磁化问题，变压器的利用率也高。

单相桥式全控整流电路具有输出电流脉动小，功率因数高，变压器二次电流为两个等大反向的半波，没有直流磁化问题，变压器利用率高等优点。其输出平均电压是半波整流电路的两倍，在相同的负载下流过晶闸管的平均电流减小了 50%，功率因数提高了 50%。

1. 晶闸管

晶闸管，又称为晶体闸流管、可控硅整流管（silicon controlled rectifier，简称 SCR），开辟了电力电子技术迅速发展和广泛应用的崭新时代。20 世纪 80 年代以来，晶闸管逐渐被性能更好的全控型器件取代。晶闸管能承受的电压和电流容量高，工作可靠，已被广泛应用于相控整流、逆变、交流调压、直流变换等领域，成为功率低频（200 Hz 以下）装置中的主要器件。晶闸管往往专指晶闸管的一种基本类型——普通晶闸管。广义上讲，晶闸管还包括许多类型的衍生器件。

（1）晶闸管的结构

晶闸管是大功率器件，工作时产生大量的热，因此必须安装散热器。其内部结构为四层三个结（图 5.2）。

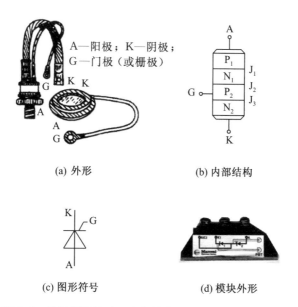

(a) 外形　　　　　　　　　(b) 内部结构

(c) 图形符号　　　　　　　(d) 模块外形

图 5.2　晶闸管的外形、内部结构、图形符号和模块外形

（2）晶闸管的工作原理

晶闸管由四层半导体（P_1，N_1，P_2，N_2）组成，形成三个结 J_1（P_1N_1），J_2（N_1P_2），J_3（P_2N_2），并分别从 P_1，P_2，N_2 引入 A，G，K 三个电极，如图 5.2(b) 所示。由于含扩散工艺，具有三结四层结构的普通晶闸管可以等效成如图 5.3 所示的两个晶闸管 T_1（$P_1-N_1-P_2$）和 T_2（$N_1-P_2-N_2$）组成的等效电路。

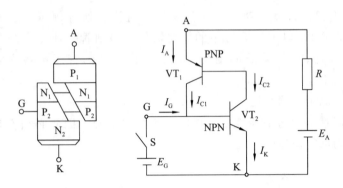

图 5.3 晶闸管的内部结构和等效电路

（3）晶闸管的门极触发条件

① 晶闸管承受反向电压时，不论门极是否有触发电流，晶闸管都不会导通。

② 晶闸管承受正向电压时，仅在门极有触发电流的情况下，晶闸管才能导通。

③ 晶闸管一旦导通，门极就失去控制作用。

④ 要使晶闸管关断，只能使其电流减小到零。

晶闸管的驱动过程更多的称为触发。产生注入门极的触发电流 I_G 的电路称为门极触发电路。也正是由于通过门极只能控制其开通，不能控制其关断，晶闸管才被称为半控型器件。

2. 可关断晶闸管

可关断晶闸管（gate turn off thyristor，简称 GTO）的结构、等效电路和图形符号如图 5.4 所示，其导通机理与 SCR 是完全一样的。GTO 一旦导通之后，门极信号是可以撤除的。在制作时，采用特殊的工艺使管子导通后处于临界饱和，而不像普通晶闸管那样处于深饱和状态，这样可以用门极负脉冲电流破坏临界饱和状态使其关断。GTO 在关断机理上与 SCR 是不同的。门极加负脉冲即从门极抽出电流（抽出饱和导通时储存的大量载流子），正反馈使器件退出饱和而关断。

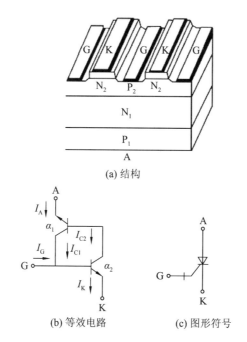

(a) 结构

(b) 等效电路   (c) 图形符号

图 5.4 可关断晶闸管的结构、等效电路和图形符号

5.2 电路原理图搭建

1. 主电路原理图搭建

单相桥式全控整流电路带电阻性负载电路如图 5.5 所示。

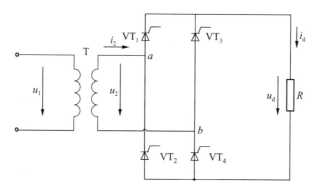

图 5.5 单相桥式全控整流电路带电阻性负载电路

在单相桥式全控整流电路中，晶闸管 VT_1 和 VT_4 组成一对桥臂，VT_2 和 VT_3 组成另一对桥臂。在 u_2 正半周（a 端电位高于 b 点电位），若 4 个晶闸管均不导通，负载电流 i_d 为零，u_d 也为零，VT_1，VT_4 串联承受电压 u_2，设 VT_1 和 VT_4 的漏电阻相等，则各承受 u_2 的一半。若在触发角 α 处给 VT_1 和 VT_4 加触发脉冲，VT_1，VT_4 即导通，电流从 a 端经 VT_1，R，VT_4 流回电源 b 端。当 u_2 为零时，流经晶闸管的电流也降到零，VT_1 和 VT_4 关断。

在 u_2 负半周，仍在触发延迟角 α 处触发 VT_2 和 VT_3（VT_2 和 VT_3 的 $\alpha = 0$ 处为 $\omega t = \pi$），VT_2 和 VT_3 导通，电流从电源的 b 端流出，经 VT_3，R，VT_2 流回电源 a 端。到 u_2 过零时，电流又降为零，VT_2 和 VT_3 关断。此后 VT_1 和 VT_4 再次导通，如此循环的工作下去。整流电压 U_d 和晶闸管 VT_1，VT_4 两端的电压波形如图 5.6 所示。晶闸管承受的最大正向电压和反向电压分别为 U_2 和 U_2。

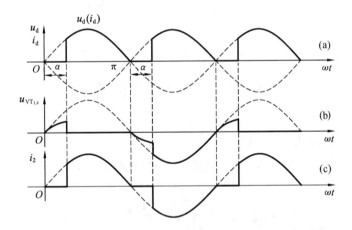

图 5.6　单相桥式全控整流电路带电阻负载时的波形

2. 工作原理

第 1 阶段（$0 - \omega t_1$）：这阶段 u_2 在正半周期，a 端电位高于 b 端电位，晶闸管 VT_1 和 VT_2 反向串联后与 u_2 连接，VT_1 承受正向电压为 $u_2/2$，VT_2 承受 $u_2/2$ 的反向电压；同样，VT_3 和 VT_4 反向串联后与 u_2 连接，VT_3 承受 $u_2/2$ 的正向电压，VT_4 承受 $u_2/2$ 的反向电压。虽然 VT_1 和 VT_3 受正向电压，但是尚未触发导通，负载没有电流通过，所以 $U_d = 0$，$i_d = 0$。

第 2 阶段（$\omega t_1 - \pi$）：在 ωt_1 时，同时触发 VT_1 和 VT_3，由于 VT_1 和 VT_3 受正向电压而导通，电流经 a 端→VT_1→R→VT_3→变压器 b 端形成回路。在这段区间里，

$$u_d = u_2,\ i_d = i_{VT_1} = i_{VT_3} = u_d / R$$

由于 VT_1 和 VT_3 导通，忽略管压降，$u_{VT_1} = u_{VT_2} = 0$，而承受的电压为 $u_{VT_2} = u_{VT_4} = u_2$。

第 3 阶段（$\pi - \omega t_2$）：从 $\omega t = \pi$ 开始，u_2 进入了负半周期，b 端电位高于 a 端电位，VT_1 和 VT_3 由于受反向电压而关断，这时 VT_1—VT_4 都不导通，各晶闸管承受 $u_2/2$ 的电压，但 VT_1 和 VT_3 承受的是反向电压，VT_2 和 VT_4 承受的是正向电压，负载没有电流通过，

$$u_d = 0,\ i_d = i_2 = 0$$

第 4 阶段（$\omega t_2 - \pi$）：在 ωt_2 时，u_2 电压为负，VT_2 和 VT_4 受正向电压，触发 VT_2 和 VT_4 导通，电流经 b 端→VT_2→R→VT_4→a 端。在这段区间里，

$$u_d = u_2,\ i_d = i_{VT_2} = i_{VT_4} = i_2 = u_d / R$$

由于 VT_2 和 VT_4 导通，VT_2 和 VT_4 承受 u_2 的负半周期电压，至此一个周期工作完毕。下一个周期重复上述过程。单相桥式整流电路两次脉冲间隔为 $180°$。

3. 参数计算

整流电压平均值为

$$U_d = \frac{1}{\pi} \int_{\alpha}^{\pi} \sqrt{2}\, U_2 \sin \omega t\, \mathrm{d}(\omega t) = \frac{2\sqrt{2}}{\pi} U_2 \frac{1 + \cos \alpha}{2} = 0.9 U_2 \frac{1 + \cos \alpha}{2}$$

$$(5.1)$$

式中：α 角的移相范围为 $0° \sim 180°$。

向负载输出的平均电流值为

$$I_d = \frac{U_d}{R} = 0.9 \frac{U_2}{R} \frac{1 + \cos \alpha}{2} \qquad (5.2)$$

流过晶闸管的电流平均值只有输出直流平均值的一半（因为一个周期内每个晶闸管只有半个周期导通），即

$$I_{dVT} = \frac{1}{2} I_d = 0.45 \frac{U_2}{R} \frac{1 + \cos \alpha}{2} \qquad (5.3)$$

5.3 保护电路原理图搭建

1. 过电流电路搭建

电力电子电路运行不正常或发生故障时，可能会发生过电流。过电流分短路和过载两种情况。短路保护的特点是整定电流大、瞬时动作。电磁式电流脱扣器（或继电器）、熔断器常用作短路保护元件。过载保护的特点是整定电流较小、反时限动作。热继电器、延时型电磁式电流继电器常用作过载保护元件。过电流保护电路如图 5.7 所示。

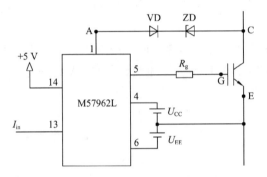

图 5.7　过电流保护电路

M57962L 通过检测 IGBT 的饱和压降来判断 IGBT 是否过流。一旦过流，M57962L 将对 IGBT 实施软关断，并输出过流故障信号。

2. 三菱驱动模块 M57962L 简介

M57962L 驱动电路是 N 沟道大功率 IGBT 模块的驱动电路，能驱动 600 V/400 A 和 1 200 V/400 A 的 IGBT。M57962L 的原理框图如图 5.8 所示。

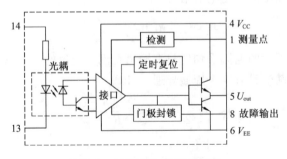

图 5.8　M57962L 的原理框图

该模块有以下几个特点：

① 采用光耦实现电气隔离，光耦是快速型的，适合 20 kHz 左右的高频开关运行。光耦的原边已串联限流电阻（约 185 Ω），可将 5 V 的电压直接加到输入侧。

② 采用双电源驱动技术，会使输出的负栅压比较高。电源电压的极限值为 +18 V/−15 V，一般取 +15 V/−10 V。

③ 信号传输延迟时间短。低电平–高电平的传输延迟时间及高电平–低电平的传输延迟时间都在 1.5 μs 以下。

3. 过电压保护电路设计

电力电子装置中可能发生的过电压分为外因过电压和内因过电压两类。外因过电压主要来自雷击过电压和系统的操作过程等外因部分。内因过电压主要来自电力电子装置内部器件的开关过程，比如换相过电压、关断过电压。RC 过电压保护电路如图 5.9 所示。

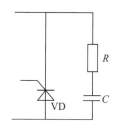

图 5.9 RC 过电压保护电路

电容两端电压具有不能突变的特性，可利用这一特性限制电压上升率。电路中电感一直存在（变压器漏感或负载电感），因此电容 C 串联电阻 R 可起阻尼作用，能够防止 R，L，C 电路在过渡过程中，因振荡在电容器两端出现的过电压损坏晶闸管。同时，避免电容器通过晶闸管放电电流过大，造成过电流而损坏晶闸管。

5.4 元器件和电路参数计算

1. 晶闸管的基本参数

① 额定电压 U_{Tn}。

通常取 U_{DRM} 和 U_{RRM} 中较小的，再取靠近标准的电压等级作为晶闸管型的额定电压。在选用晶闸管时，额定电压应为正常工作峰值电压的

2~3 倍，以保证电路的工作安全。

晶闸管的额定电压可按下式选取：

$$U_{\mathrm{Tn}} = \min\{U_{\mathrm{DRM}}, U_{\mathrm{RRM}}\}$$

$$U_{\mathrm{Tn}} = (2\sim3)U_{\mathrm{TM}}$$

式中：U_{TM} 为工作电路中加在晶闸管上的最大瞬时电压。

② 额定电流 $I_{\mathrm{T(AV)}}$。

$I_{\mathrm{T(AV)}}$ 又称为额定通态平均电流，是在室温 40℃ 和规定的冷却条件下，元件在电阻性负载流过正弦半波、导通角不小于 170° 的电路中，结温不超过额定结温时，所允许的最大通态平均电流值。将此电流按晶闸管标准电流取相近的电流等级，即为晶闸管的额定电流。

I_{Tn} 为额定电流有效值，根据晶闸管的 $I_{\mathrm{T(AV)}}$ 换算得出。

$I_{\mathrm{T(AV)}}$，I_{TM}，I_{Tn} 三者之间的关系如下：

$$I_{\mathrm{Tn}} = \sqrt{\frac{1}{2\pi}\int_0^\pi (I_{\mathrm{m}}\sin \omega t)^2 \mathrm{d}(\omega t)} = \frac{I_{\mathrm{m}}}{2} = 0.5 I_{\mathrm{TM}} \tag{5.4}$$

$$I_{\mathrm{T(AV)}} = \frac{1}{2\pi}\int_0^\pi I_{\mathrm{m}}\sin \omega t \, \mathrm{d}(\omega t) = \frac{I_{\mathrm{m}}}{\pi} = 0.318 I_{\mathrm{TM}} \tag{5.5}$$

③ 维持电流 I_{H}。

维持电流是指晶闸管维持导通所必需的最小电流，一般为几十到几百毫安。维持电流与结温有关，结温越高，维持电流越小，晶闸管越难关断。

④ 擎住电流 I_{L}。

晶闸管刚从阻断状态转变为导通状态并撤除门极触发信号，此时要维持元件导通所需的最小阳极电流称为擎住电流。一般擎住电流比维持电流大 2~4 倍。

⑤ 通态平均管压降 $U_{\mathrm{T(AV)}}$。

$U_{\mathrm{T(AV)}}$ 是指在规定的工作温度条件下，使晶闸管导通的正弦波半个周期内阳极与阴极电压的平均值，一般在 0.4~1.2 V。

⑥ 门极触发电流 I_{g}。

在常温下，阳极电压为 6 V 时，使晶闸管能完全导通所需的门极电流称为门极触发电流，一般为毫安级。

⑦ 断态电压临界上升率 $\mathrm{d}u/\mathrm{d}t$。

在额定结温和门极开路的情况下，不会导致晶闸管从断态到通态转换的最大正向电压上升率，称为断态电压临界上升率，一般为每微秒几十伏。

⑧ 通态电流临界上升率 $\mathrm{d}i/\mathrm{d}t$。

在规定条件下，晶闸管能承受的最大通态电流上升率，称为通态电流临界上升率。若晶闸管导通时电流上升太快，则会在晶闸管刚开通时，有很大的电流集中在门极附近的小区域内，从而造成局部过热而损坏晶闸管。

⑨ 波形系数。

有直流分量的电流波形，其有效值 I 与平均值 I_d 之比称为该波形的波形系数，用 K_f 表示，即

$$K_\mathrm{f} = \frac{I}{I_\mathrm{d}} \tag{5.6}$$

额定状态下，晶闸管的电流波形系数

$$K_\mathrm{f} = \frac{I_\mathrm{Tn}}{I_\mathrm{T(AV)}} = \frac{\pi}{2} = 1.57 \tag{5.7}$$

2. 晶闸管的选型

图 5.5 所示电路为大电感负载，电流波形可看作连续且平直的。

$U_\mathrm{d} = 100\ \mathrm{V}$ 时，不计控制角余量，按 $\alpha = 0°$ 计算。

由 $U_\mathrm{d} = 0.9U_2$，得

$$U_2 = \frac{U_\mathrm{d}}{0.9} = 111\ \mathrm{V}$$

考虑 2 倍余量，U_2 取 220 V。

晶闸管的选择原则如下：

① 所选晶闸管电流有效值 I_Tn 大于元件在电路中可能流过的最大电流有效值。

② 选择时考虑 1.5 倍～2 倍的安全余量，即

$$I_\mathrm{Tn} = 1.57 I_\mathrm{T(AV)} = (1.5 \sim 2) I_\mathrm{TM}$$

$$I_\mathrm{T(AV)} = (1.5 \sim 2) \frac{I_\mathrm{TM}}{1.57}$$

当 $I_\mathrm{d} = 5\ \mathrm{A}$ 时，晶闸管额定电流

$$I_\mathrm{T(AV)} = \frac{I_\mathrm{d}}{1.57} = \frac{5}{1.57} = 3.2\ \mathrm{A}$$

考虑 2 倍余量，$I_\mathrm{d(AV)}$ 取 6.4 A。

所以在本次设计中选用 4 个 KP100-3 的晶闸管。

3. 变压器的选取

根据参数计算可知，变压器的变比应为

$$K = \frac{U_2}{U_d} = \frac{220 \text{ V}}{100 \text{ V}} = 2.2$$

容量至少为 500 VA。

5.5　电路的MATLAB仿真

1. 仿真模型的建立

单相桥式全控整流电路（电阻性负载）仿真模型如图 5.10 所示。

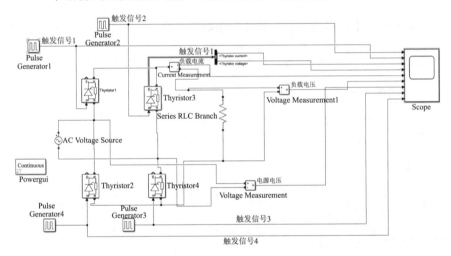

图 5.10　单相桥式全控整流电路（电阻性负载）仿真模型

2. 选取仿真参数

仿真时，取 $R = 10$ Ω，$U_2 = 100$ V，$f = 50$ Hz，则周期为 $T = 0.02$ s。根据公式，脉冲延迟时间为

$$t = \frac{\alpha T}{360°}$$

可以根据不同的 α 值确定延迟时间。因为两个桥臂各导通半个周期，所以两个脉冲所间隔的时间为 0.01 s。根据 U_d 的计算公式：

$$U_d = \frac{1}{\pi} \int_\alpha^\pi \sqrt{2} U_2 \sin \omega t \, \mathrm{d}(\omega t) = \frac{2\sqrt{2}}{\pi} U_2 \frac{1 + \cos \alpha}{2} = 0.9 U_2 \frac{1 + \cos \alpha}{2}$$

对于不同的 α，会有不同的 U_d 的值。比如，取 $\alpha = 90°$ 时，因 $U_2 =$

100 V，则可以得出 $U_d = 45$ V。以下为对于不同的 α，根据公式 $t = \dfrac{\alpha T}{360°}$ 可以得到相应的脉冲触发时间。

$\alpha = 0°$时，脉冲 1 的 $t = 0$，脉冲 2 的 $t = 0.01$ s。

$\alpha = 30°$时，脉冲 1 的 $t = 0.001\,66$ s，脉冲 2 的 $t = 0.011\,66$ s。

$\alpha = 45°$时，脉冲 1 的 $t = 0.002\,5$ s，脉冲 2 的 $t = 0.012\,5$ s。

$\alpha = 60°$时，脉冲 1 的 $t = 0.003\,33$ s，脉冲 2 的 $t = 0.013\,33$ s。

$\alpha = 90°$时，脉冲 1 的 $t = 0.005$ s，脉冲 2 的 $t = 0.015$ s。

$\alpha = 120°$时，脉冲 1 的 $t = 0.006\,67$ s，脉冲 2 的 $t = 0.016\,67$ s。

$\alpha = 180°$时，脉冲 1 的 $t = 0.001$ s，脉冲 2 的 $t = 0.011$ s。

3. 仿真元件参数的设置

（1）交流电源参数设置

交流电源的有效值为 100 V，峰值设置为 141.1 V（图 5.11），电源的频率为 $f = 50$ Hz。

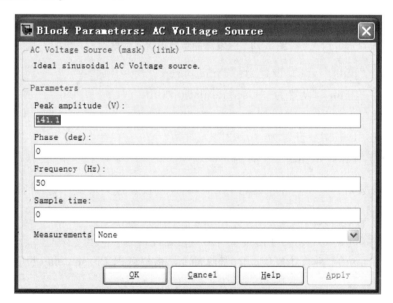

图 5.11　交流电源参数设置对话框

（2）触发脉冲的设置

根据不同的 α 设置不同的脉冲参数。现以 $\alpha = 60°$时为例说明。当 $\alpha = 60°$时，脉冲 1 的 $t = 0.003\,33$ s，脉冲 2 的 $t = 0.013\,33$ s。具体设置如图 5.12 所示。

图 5.12　触发脉冲参数设置对话框

① "pulse type" 设置为 "Time based"。

② "Time" 设置为 "Use simulation time"。

③ "Amplitude" 设置为 "1.1"。

④ "Period" 设置为 "0.02"。

⑤ "Pulse Width" 设置为 "50"。

参数对话框中，相位延迟 Phase delay 的设置按关系 $t = \dfrac{\alpha T}{360°}$ 计算。例如：对于电网交流电 $T = 0.02$ s，当 $\alpha = 60°$ 时，$t = 0.003\ 33$ s；当 $\alpha = 120°$ 时，$t = 0.006\ 67$ s。对于脉冲 2，相位延迟设置为 $0.01 + 0.011\ 66$。

在 $\alpha = 30°$ 进行仿真时，对于脉冲 1，相位延迟 Phase delay 设置为

$$t = \frac{\alpha T}{360°} = 0.001\ 66\ \text{s}$$

对于脉冲 2，相位延迟设置为

$$0.01 + 0.001\ 66 = 0.011\ 66\ \text{s}。$$

在 $\alpha = 60°$ 进行仿真时，对于脉冲 1，相位延迟 Phase delay 设置为

$$t = \frac{\alpha T}{360°} = 0.003\ 33\ \text{s}$$

对于脉冲 2，相位延迟设置为
$$0.01+0.003\ 33=0.013\ 33\ \text{s}。$$

在 $\alpha=90°$ 进行仿真时，对于脉冲 1，相位延迟 Phase delay 设置为
$$t=\frac{\alpha T}{360°}=0.005\ \text{s}$$

对于脉冲 2，相位延迟设置为
$$0.01+0.005=0.015\ \text{s}。$$

在 $\alpha=120°$ 进行仿真时，对于脉冲 1，相位延迟 Phase delay 设置为
$$t=\frac{\alpha T}{360°}=0.006\ 67\ \text{s}$$

对于脉冲 2，相位延迟设置为
$$0.01+0.006\ 67=0.016\ 67\ \text{s}。$$

（3）电压、电流测量参数设置

在"电压测量"对话框中，"Output signal"设置为"Complex"（图 5.13）。

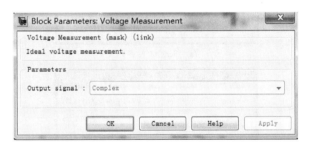

图 5.13　电压测量参数设置对话框

在"电流测量"对话框中，"Output signal"设置为"Complex"（图 5.14）。

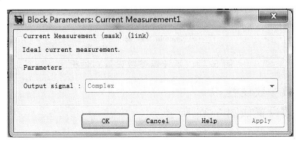

图 5.14　电流测量参数设置对话框

（4）示波器设置

"General"标签页的具体参数设置（图 5.15(a)）为：

① "Number of axes"设置为"5"。

② "Time range"设置为"auto"。

③ "Tick labels"设置为"bottom axis only"。

④ "sampling"设置为"Decimation"和"1"。

"Data history"标签页的具体参数设置（图 5.15(b)）为：

"Limit data points to last"设置为"5 000"。

(a) "General"标签页

(b) "Data history"标签页

图 5.15 示波器参数设置对话框

（5）负载参数设置

负载参数设置如图 5.16 所示。

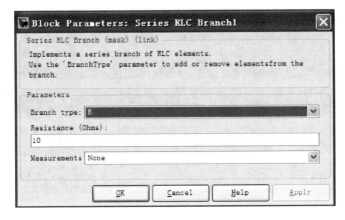

图 5.16　负载参数设置

（6）晶体管参数设置

晶体管参数设置如图 5.17 所示。

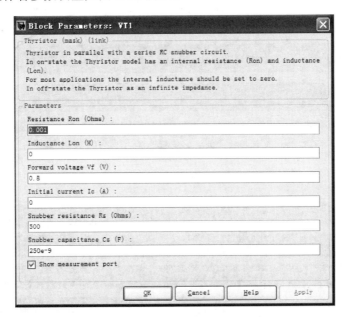

图 5.17　晶体管参数设置

4. 仿真结果

波形由上至下分别代表电源 U_2 的波形、U_d 的波形、I_d 的波形、晶闸管上的电压的波形，以及输入时的电流 i_d 的波形。

不同 α 下的仿真波形见图 5.18～图 5.24。

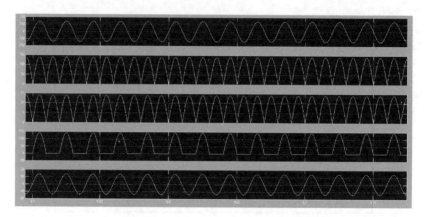

图 5.18　$\alpha=0°$ 时，仿真的波形图

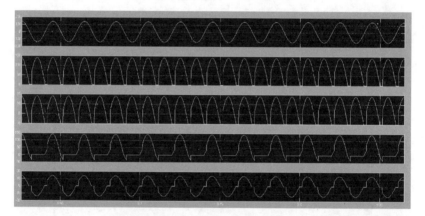

图 5.19　$\alpha=30°$ 时，仿真的波形图

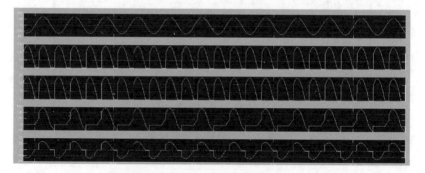

图 5.20　$\alpha=45°$ 时，仿真的波形图

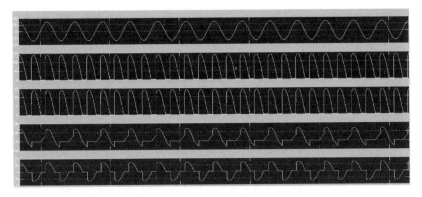

图 5.21　α＝60°时，仿真的波形图

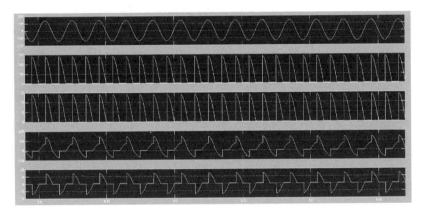

图 5.22　α＝90°时，仿真的波形图

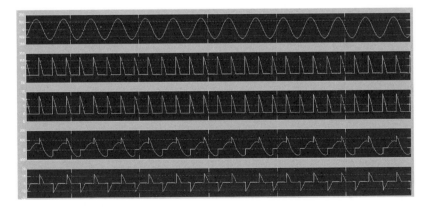

图 5.23　α＝120°时，仿真的波形图

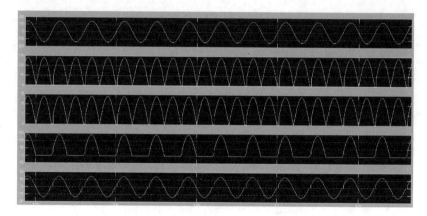

图 5.24 $\alpha = 180°$ 时，仿真的波形图

第 6 章

运算放大电路的
典型电路原理与应用

　　本章主要介绍的是运算放大电路的典型电路原理与应用，内容涵盖开环回路运算放大器、闭环负反馈运算放大器、非反相闭环放大器、闭环正回馈放大器、电压比较器、迟滞比较器的电路原理与组成，以及集成运算放大器典型电路搭建与验证等内容。

6.1　典型运算放大电路

运算放大器是一个内含多级放大电路的电子集成电路，其输入级是差分放大电路，具有高输入电阻和抑制零点漂移能力；中间级主要进行电压放大，具有高电压放大倍数，一般由共射极放大电路构成；输出极与负载相连，具有带载能力强、低输出电阻特点。运算放大器的应用非常广泛。最基本的运算放大器如图 6.1 所示。一个运算放大器模组一般包括一个正输入端（OP_P）、一个负输入端（OP_N）和一个输出端（OP_O）。

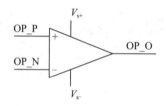

图 6.1　基本的运算放大器

通常使用运算放大器时，会将输出端与反相输入端连接，形成负反馈组态。原因是运算放大器的电压增益非常大，范围从数百至数万倍不等，使用负反馈方可保证电路的稳定运作。但是这并不代表运算放大器不能连接成正反馈，相反地，在很多需要产生振荡信号的系统中，正反馈组态的运算放大器是很常见的组成元件。

1. 开环回路运算放大器

开环回路运算放大器如图 6.2 所示。

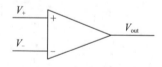

图 6.2　开环回路运算放大器

当一个理想运算放大器采用开回路的方式工作时，其输出与输入电压的关系式为

$$V_{out} = (V_+ - V_-) \times A_{og} \tag{6.1}$$

式中：A_{og} 代表运算放大器的开环回路差动增益。

运算放大器的开环回路增益非常高，即使输入端的差动信号很小，也会使输出信号"饱和"，导致非线性的失真出现，因此运算放大器很少以开环回路出现在电路系统中，少数的例外是用运算放大器做比较，其中比较器的输出通常为逻辑准位元的"0"与"1"。

2. 闭环负反馈运算放大器

将运算放大器的反向输入端与输出端连接，放大器电路就处于负反馈组态的状况，此时可以将该电路简单地称为闭环放大器。闭环放大器依据输入信号进入放大器的端点，又可分为反相放大器与非反相放大器两种。

反相闭环放大器如图 6.3 所示。

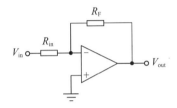

图 6.3　反相闭环放大器

假设这个闭环放大器使用理想的运算放大器，则因为其开环增益为无限大，所以运算放大器的两输入端为虚拟接地，其输出与输入电压的关系式为

$$V_{out} = -\frac{R_F}{R_{in}} \times V_{in} \qquad (6.2)$$

3. 非反相闭环放大器

非反相闭环放大器如图 6.4 所示。

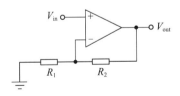

图 6.4　非反相闭环放大器

假设这个闭环放大器使用理想的运算放大器，则因为其开环增益为无限大，所以运算放大器的两输入端电压差几乎为零，其输出与输入电压的关系式为

$$V_{\text{out}} = \left(\frac{R_2}{R_1} + 1\right) \times V_{\text{in}} \tag{6.3}$$

4. 闭环正回馈放大器

将运算放大器的正向输入端与输出端连接，放大器电路就处于正反馈的状况。由于正反馈组态工作于一极不稳定的状态，多应用于需要产生振荡信号的应用中。

5. 运放应用电路的分析方法

在分析和综合运放应用电路时，大多数情况下，可以将集成运放看成一个理想运算放大器。理想运放就是将集成运放的各项技术指标理想化。由于实际运放的技术指标比较接近理想运放，因此，由理想化带来的误差非常小，在一般的工程计算中可以忽略。

理想运放各项技术指标具体如下：

① 开环差模电压放大倍数 $A_{\text{od}} = \infty$；

② 输入电阻 $R_{\text{id}} = \infty$，输出电阻 $R_{\text{od}} = 0$；

③ 输入偏置电流 $I_{\text{B1}} = I_{\text{B2}} = 0$；

④ 失调电压 U_{IO}、失调电流 I_{IO}、失调电压及温漂、失调电流及温漂均为零；

⑤ 共模抑制比 $CMRR = \infty$；

⑥ -3 dB 带宽 $f_{\text{H}} = \infty$；

⑦ 无内部干扰和噪声。

实际运放的参数达到如下水平即可以按理想运放对待：

电压放大倍数达到 $10^4 \sim 10^5$ 倍；输入电阻达到 10^5 Ω；输出电阻小于 500 Ω；外电路中的电流远大于偏置电流；失调电压、失调电流及其温漂很小，造成电路的漂移在允许范围之内，电路的稳定性符合要求；输入最小信号时，有一定信噪比，共模抑制比不小于 60 dB；带宽符合电路带宽要求。

6. 运算放大器中的虚短和虚断

（1）虚短

因为理想运放的电压放大倍数很大，而运放工作在线性区，此时电路是一个线性放大电路，输出电压不超出线性范围（有限值），所以，运算放大器同相输入端与反相输入端的电位十分接近。在运放供电电压为 ± 15 V 时，输出的最大值一般在 $10 \sim 13$ V。所以，当运放两输入端的电压差在 1 mV 以下时，两输入端近似短路。这一特性称为虚短。显然这不是真正的短路，只是分析电路时在允许误差范围之内的合理近似。

（2）虚断

由于运放的输入电阻一般都在几百千欧以上，流入运放同相输入端和反相输入端中的电流十分微小，比外电路中的电流小几个数量级，往往可以忽略，这相当于运放的输入端开路。这一特性称为虚断。显然，运放的输入端不能真正开路。

运用"虚短""虚断"这两个概念，在分析运放线性应用电路时，可以简化应用电路的分析过程。运算放大器构成的运算电路均要求输入与输出之间满足一定的函数关系，因此均可应用这两条结论。如果运放不在线性区工作，也就没有"虚短""虚断"的特性。如果测量运放两输入端的电位达到几毫伏，那么该运放一般不在线性区工作，或者已经损坏。

6.2　特殊放大电路的应用分析

电压比较器（以下简称比较器）是一种常用的集成电路，主要分为单门限电压比较器和滞回比较器两类。它可用于报警器电路、自动控制电路、测量电路，也可用于 V/F 变换电路、A/D 变换电路、高速采样电路、电源电压监测电路、振荡器及压控振荡器电路、过零检测电路等。

1. 单门限电压比较器

基本单门限电压比较器电路如图 6.5（a）所示，用符号 C 表示。它在实际应用时最重要的两个动态参数是灵敏度和响应时间（或响应速度），因此可以根据不同要求选用专用集成比较器或运放。现假设 C 由运放组成，参考电压 V_{REF} 加于运放的反相端，它可以是正值，也可以是负值（图中给出的为正值）。而输入信号 v_I 则加于运放的同相端。这时，运放处于开环工作状态，具有很高的开环电压增益。电路的传输特性如图 6.5（b）中实线所示，当输入信号电压 v_I 小于参考电压 V_{REF} 时，即差模输入电压 $v_{ID}=v_I-V_{REF}<0$ 时，运放处于负饱和状态，$v_O=V_{OL}$；当输入信号电压 v_I 升高到略大于参考电压 V_{REF} 时，即 $v_{ID}=v_I-V_{REF}>0$，运放立即转入正饱和状态，$v_O=V_{OH}$。图 6.5（b）中 v_O 跳变时的斜率较倾斜，但实际由于运放的开环增益很大，v_O几乎是突变的。它表示在参考电压V_{REF}附近有微小的减小时，输出电压将从正的饱和值V_{OH}过渡到负的饱和值V_{OL}；若有微小的增加，输出电压又将从负的饱和值V_{OL}过渡到正的饱和值V_{OH}。比较器输出电压从一个电平跳变到另一个电平时相应的输入电压v_I值称为门限电压或阈值电压V_T。对于图6.5（a）所示电路，$V_T = V_{REF}$。由于v_I从同相端输入且只有一个门限电压，故称为同相输入单门限电压比较器。反之，当v_I从反相端输入，V_{REF}改接到同相端，则称为反相输入单门限电压比较器。其相应传输特性如图6.5（b）中的虚线所示。

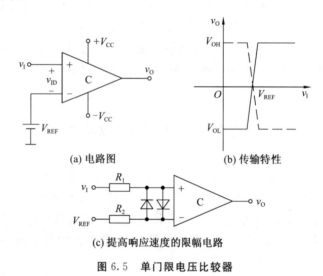

(a) 电路图   (b) 传输特性

(c) 提高响应速度的限幅电路

图6.5　单门限电压比较器

用集成运放构成的电压比较器，可以图6.5（c）所示加限幅措施，避免内部管子进入深度饱和区，来提高响应速度。

2. 迟滞比较器

单门限电压比较器虽然有电路简单、灵敏度高等特点，但其抗干扰能力差。例如，对图6.5（a）所示单门限电压比较器，当v_I中含有噪声或干扰电压时，其输入和输出电压波形如图6.6所示。由于在$v_I = V_T = V_{REF}$附近出现干扰，v_O将时而为V_{OH}，时而为V_{OL}，导致比较器输出不稳定。如果用该输出电压v_O去控制电动机，将出现频繁的启停现象，这种情况是不允许的。提高抗干扰能力的一种方案是采用迟滞比较器。

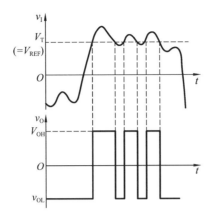

图 6.6　单门限电压比较器在 v_I 中含有噪声式干扰时输入和输出电压波形

（1）迟滞比较器的电路组成

迟滞比较器是一个具有迟滞回环传输特性的比较器。在反相输入单门限电压比较器的基础上引入正反馈网络（图 6.7），这样就组成了具有双门限值的反相输入迟滞比较器。如将 v_I 与 V_{REF} 位置互换，就可组成同相输入迟滞比较器。由于正反馈作用，这种比较器的门限电压是随输出电压 v_O 的变化而改变的。它的灵敏度低一些，但抗干扰能力却大大提高了。

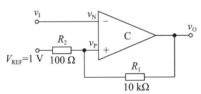

图 6.7　反相输入迟滞比较器电路

（2）迟滞比较器的传输特性分析

现从 $v_I = 0$，$v_O = V_{OH}$ 和 $v_p = V_{T+}$ 情形开始介绍。

当 v_I 由 0 向正方向增加到接近 $v_p = V_{T+}$ 前，v_O 一直保持 $v_O = V_{OH}$ 不变。当 v_I 增加到略大于 $v_p = V_{T+}$ 时，v_O 由 V_{OH} 下跳到 V_{OL}，同时使 v_p 下跳到 $v_p = V_{T-}$，v_I 再增加，v_O 保持 $v_O = V_{OL}$ 不变，其传输特性如图 6.8(a) 所示。

若减小 v_I，只要 $v_I > v_p = V_{T-}$，则 v_O 将始终保持 $v_O = V_{OL}$ 不变，只有当 $v_I < v_p = V_{T-}$ 时，v_O 才由 V_{OL} 跳变到 V_{OH}，其传输特性如图 6.8(b) 所示。把图 6.8(a) 和图 6.8(b) 的传输特性结合在一起，就构成

了图 6.8(c)所示的完整的传输特性。根据 V_{REF} 的正负和大小，V_{T+}，V_{T-} 可正可负。

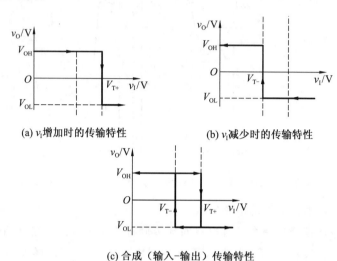

(a) v_I增加时的传输特性

(b) v_I减少时的传输特性

(c) 合成（输入-输出）传输特性

图 6.8　反相输入迟滞比较器的传输特性

（3）迟滞比较器应用

一种迟滞比较器的典型应用电路及波形如图 6.9 所示。

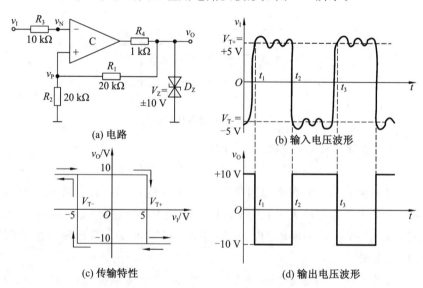

(a) 电路

(b) 输入电压波形

(c) 传输特性

(d) 输出电压波形

图 6.9　电路及波形

6.3 集成运算放大器典型电路搭建与验证

6.3.1 集成运算放大器的基本应用——模拟运算电路

1. 实验目的

① 研究由集成运算放大器组成的比例、加法、减法和积分等基本运算电路的功能。

② 了解运算放大器在实际应用时应考虑的问题。

2. 实验仪器

① 双踪示波器；

② 万用表；

③ 交流毫伏表；

④ 信号发生器。

3. 实验原理

在线性应用方面，可组成比例、加法、减法、积分、微分、对数、指数等模拟运算电路。

（1）反相比例运算电路

反相比例运算电路如图 6.10 所示。对于理想运放，该电路的输出电压与输入电压之间的关系为

$$U_O = -\frac{R_F}{R_1} U_i \qquad (6.4)$$

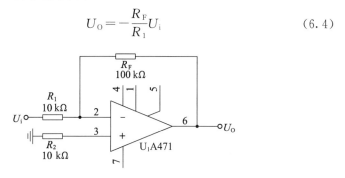

图 6.10 反相比例运算电路

为减小输入级偏置电流引起的运算误差，在同相输入端应接入平衡电阻 $R_2 = R_1 \parallel R_F$。此处为了简化电路，取 $R_2 = 10\ \mathrm{k\Omega}$。

（2）反相加法运算电路

反相加法运算电路如图 6.11 所示。输出电压与输入电压之间的关系为

$$U_O = -\left(\frac{R_F}{R_1}U_{i1} + \frac{R_F}{R_2}U_{i2}\right)$$

$$R_3 = R_1 \parallel R_2 \parallel R_F \tag{6.5}$$

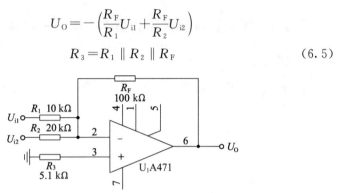

图 6.11　反相加法运算电路

（3）同相比例运算电路

图 6.12(a)所示为同相比例运算电路，它的输出电压与输入电压之间的关系为

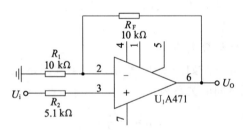

(a) 同相比例运算

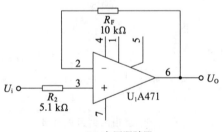

(b) 电压跟随器

图 6.12　同相比例运算电路

$$U_O = \left(1 + \frac{R_F}{R_1}\right) U_i$$

$$R_2 = R_1 \parallel R_F \tag{6.6}$$

当 $R_1 \to \infty$ 时，$U_O = U_i$，即得到如图 6.12(b) 所示的电压跟随器。图中 $R_2 = R_F$，用以减小漂移并起保护作用。一般 R_F 取 10 kΩ，R_F 太小起不到保护作用，太大则影响跟随性。

（4）差动放大电路（减法器）

对于图 6.13 所示的减法运算电路，当 $R_1 = R_2$，$R_3 = R_F$ 时，有如下关系式：

$$U_O = \frac{R_F}{R_1}(U_{i2} - U_{i1}) \tag{6.7}$$

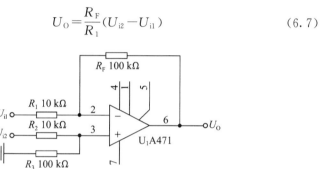

图 6.13　减法运算电路

（5）积分运算电路

积分运算电路如图 6.14 所示。在理想化条件下，输出电压 U_O 为

$$U_O(t) = -\frac{1}{RC} \int_o^t U_i \mathrm{d}t + U_C(0) \tag{6.8}$$

式中：$U_C(0)$ 为 $t = 0$ 时电容 C 两端的电压值，即初始值。

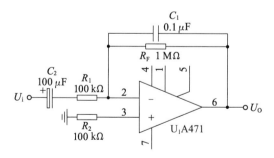

图 6.14　积分运算电路

如果 $U_i(t)$ 是幅值为 E 的阶跃电压，并设 $U_O(0) = 0$，则

$$U_O(t) = -\frac{1}{RC}\int_0^t E\,\mathrm{d}t = -\frac{E}{RC}t \tag{6.9}$$

此时，显然 RC 的数值越大，达到给定的 U_O 值所需的时间就越长，改变 R 或 C 的值，积分波形也相应变动。一般方波变换为三角波，正弦波移相。

（6）微分运算电路

微分运算电路如图 6.15 所示。微分电路的输出电压正比于输入电压对时间的微分，一般表达式为

$$U_O = -RC\frac{\mathrm{d}u_1}{\mathrm{d}t} \tag{6.10}$$

利用微分电路可实现对波形的变换，矩形波变换为尖脉冲。

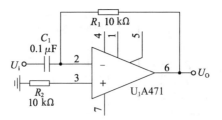

图 6.15　微分运算电路

（7）对数运算电路

对数运算电路的输出电压与输入电压的对数成正比，其一般表达式为

$$u_O = K\ln u_1 \quad (K\ \text{为负系数}) \tag{6.11}$$

式中：K 为负系数。利用集成运放和二极管组成如图 6.16(a) 所示的基本对数电路。

由于对数运算精度受温度、二极管的内部载流子及内阻影响，仅在一定的电流范围才能满足指数特性，不容易调节。故本实验仅供有兴趣的同学调试。按图 6.16(a) 正确连接实验电路。D 为普通二极管，取频率为 1 kHz，峰峰值为 500 mV 的三角波作为输入信号 U_i。打开直流开关，输入和输出端接双踪示波器，调节三角波的幅度，观察输入和输出波形（图 6.16(b)）。在三角波上升沿阶段输出有较凸的下降沿，在三角波下降沿阶段有较凹的上升沿。若波形的相位不对，应调节到适当的输入频率。

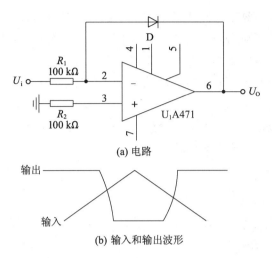

(a) 电路

(b) 输入和输出波形

图 6.16　对数运算电路

（8）指数运算电路

指数运算电路的输出电压与输入电压的指数成正比，其一般表达式为

$$u_O = K\,e^{u_1} \tag{6.12}$$

式中：K 为负系数。利用集成运放和二极管组成如图 6.17(a) 所示的指数运算电路。

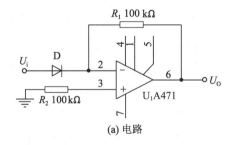

(a) 电路

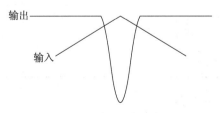

(b) 输入和输出波形

图 6.17　指数运算电路

由于指数运算精度同样受温度、二极管的内部载流子及内阻影响，本实验仅供有兴趣的同学调试。按图 6.17(a)正确连接实验电路。D 为普通二极管，取频率为 1 kHz，峰峰值为 1 V 的三角波作为输入信号 U_i。打开直流开关，输入和输出端接双踪示波器，调节三角波的幅度，观察输入和输出波形（图 6.17(b)）。在三角波上升沿阶段输出有一个下降沿的指数运算，在下降沿阶段输出有一个上升沿运算阶段。若波形的相位不对应调节到适当的输入频率。

4. 实验内容

（1）反相比例运算电路

① 关闭系统电源，按图 6.10 正确连接电路。连接信号源的输出和 U_i。

② 打开直流开关。

③ 调节信号源输出 $f=100$ Hz，$U_i=0.5$ V（峰峰值）的正弦交流信号，用毫伏表测量 U_i，U_o 值，并用示波器观察 U_o 和 U_i 的相位关系，记入表 6.1。

表 6.1　反相比例运算电路实验记录

U_i/V	U_o/V	U_i波形	U_o波形	A_v	
				实测值	计算值

（2）同相比例运算电路

① 按图 6.12(a)正确连接电路。实验步骤同上，将结果记入表 6.2。

② 将图 6.12(a)所示电路改为图 6.12(b)所示电路，重复内容①。

表 6.2　同相比例运算电路实验记录

U_i/V	U_o/V	U_i波形	U_o波形	A_v	
				实测值	计算值

（3）反相加法运算电路

① 关闭系统电源。按图 6.11 正确连接实验电路。连接简易直流信号源和 U_{i1}，U_{i2}。图 6.18 所示为简易直流信号源电路。

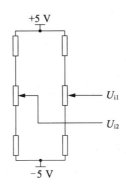

图 6.18　简易可调直流信号源电路

② 打开系统电源，用万用表测量输入电压 U_{i1}，U_{i2}（且要求均大于零、小于 0.5 V）及输出电压 U_O，将结果记入表 6.3。

表 6.3　反相加法运算电路实验记录

U_{i1}/V					
U_{i2}/V					
U_O/V					

（4）减法运算电路

① 关闭系统电源。按图 6.13 正确连接电路。采用直流输入信号。

② 打开系统电源。实验步骤同内容（3），将结果记入表 6.4。

表 6.4　减法运算电路实验记录

U_{i1}/V				
U_{i2}/V				
U_O/V				

（5）积分运算电路

① 关闭系统电源。按图 6.14 正确连接电路。连接信号源输出和 U_i。

② 打开系统电源。调节信号源输出频率约为 100 Hz、峰峰值为 2 V 的方波作为输入信号 U_i，打开直流开关，输出端接示波器，可观察到三角波波形输出并记录之。

（6）微分运算电路

① 关闭系统电源。按图 6.15 正确连接电路。连接信号源输出和 U_i。

② 打开系统电源。调节信号源输出频率约为 100 Hz、峰峰值为 2 V 的方波作为输入信号 U_i，打开直流开关，输出端接示波器，可观察到尖顶波波形输出并记录之。

6.3.2　集成运算放大器的基本应用—— 波形发生器

1. 实验目的

① 学习用集成运放构成正弦波、方波和三角波发生器。

② 学习波形发生器的调整和主要性能指标的测试方法。

2. 实验仪器

① 双踪示波器；

② 频率计；

③ 交流毫伏表。

3. 实验原理

（1）RC 桥式正弦波振荡器（文氏电桥振荡器）

图 6.19 所示为桥式正弦波振荡器。其中，RC 串、并联电路构成正反馈支路，同时兼作选频网络，R_1，R_W 及二极管等元件构成负反馈和稳幅环节。调节电位器 R_W，可以改变负反馈深度，以满足振荡的振幅条件并改善波形。利用两个反向并联二极管 D_1，D_2 正向电阻的非线性特性可实现稳幅。D_1，D_2 采用硅管（温度稳定性好），且要求特性匹配，才能保证输出波形正、负半周对称。R_3 的接入是为了削弱二极管非线性影响，以改善波形失真。

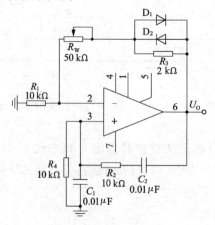

图 6.19　RC 桥式正弦波振荡器

电路的振荡频率为

$$f_0 = \frac{1}{2\pi RC} \tag{6.13}$$

起振的幅值条件为

$$\frac{R_F}{R_1} > 2 \tag{6.14}$$

式中：$R_F = R_W + (R_3 \parallel r_D)$，$r_D$ 为二极管正向导通电阻。

调整 R_W，使电路起振，且波形失真最小。如不能起振，则说明负反馈太强，应适当加大 R_F。如波形失真严重，则应适当减小 R_F。

改变选频网络的参数 C 或 R，即可调节振荡频率。一般采用改变电容 C 作频率量程切换，而调节 R 作量程内的频率细调。

（2）方波发生器

由集成运放构成的方波发生器和三角波发生器，一般均包括比较器和 RC 积分器两大部分。图 6.20 所示为由迟回比较器及简单 RC 积分电路组成的方波-三角波发生器。它的特点是线路简单，但三角波的线性度较差，主要用于产生方波，或对三角波要求不高的场合。

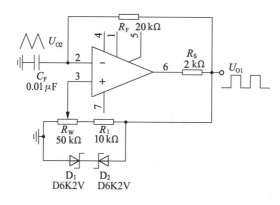

图 6.20 方波发生器

该电路的振荡频率为

$$f_0 = \frac{1}{2R_F C_F \ln\left(1 + \dfrac{2R_2'}{R_1'}\right)} \tag{6.15}$$

R_W 从中点触头分为 R_{W1} 和 R_{W2}：

$$R_1' = R_1 + R_{W1}$$
$$R_2' = R_F + R_{W2}$$

方波的输出幅值为

$$U_{Om} = \pm U_Z \qquad (6.16)$$

式中：U_Z 为两级稳压管稳压值。

三角波的幅值为

$$U_{cm} = \frac{R_2'}{R_1' + R_2'} U_Z \qquad (6.17)$$

调节电位器 R_W，可以改变振荡频率，但三角波的幅值也随之变化。如要互不影响，则可通过改变 R_F（或 C_F）来实现振荡频率的调节。

（3）三角波和方波发生器

如把滞回比较器和积分器首尾相接形成正反馈闭环系统（图6.21），则比较器输出的方波经积分器积分可形成三角波，三角波又触发比较器自动翻转形成方波，这样即可构成三角波、方波发生器。由于采用运放组成的积分电路，因此可实现恒流充电，使三角波线性大大改善。

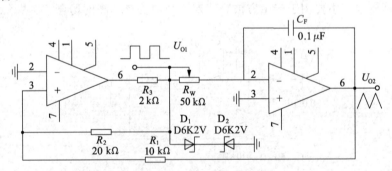

图 6.21　三角波、方波发生器

电路的振荡频率为

$$f_0 = \frac{R_2}{4R_1(R_F + R_W)C_F} \qquad (6.18)$$

方波的幅值为

$$U_{O1} = \pm U_Z \qquad (6.19)$$

三角波的幅值为

$$U_{O2} = \pm R_1 \cdot \frac{U_Z}{R_2} \qquad (6.20)$$

调节 R_W 可以改变振荡频率，改变比值 R_1/R_2 可调节三角波的幅值。

4. 实验内容

（1）RC 桥式正弦波振荡器

① 关闭系统电源。按图 6.19 正确连接电路，输出端 U_o 接示波器。

② 打开直流开关，调节电位器 R_w，使输出波形从无到有，从正弦波到出现失真。描绘 U_o 的波形，记下临界起振、正弦波输出及失真情况下的 R_w 值，分析负反馈强弱对起振条件及输出波形的影响。

③ 调节电位器 R_w，使输出电压 U_o 幅值最大且不失真，用交流毫伏表分别测量输出电压 U_o、反馈电压 U_+（运放③脚电压）和 U_-（运放②脚电压），分析研究振荡的幅值条件。

④ 用示波器或频率计测量振荡频率 f_0，然后在选频网络的两个电阻 R 上并联同一阻值电阻，观察记录振荡频率的变化情况，并与理论值进行比较。

⑤ 断开二极管 D_1，D_2，重复③的内容，将测试结果与③进行比较，分析 D_1，D_2 的稳幅作用。

（2）方波发生器

① 关闭系统电源。按图 6.20 正确连接电路。

② 打开直流开关，用双踪示波器观察 U_{O1} 及 U_{O2} 的波形（注意对应关系），调节 R_w 输出正弦波和方波。测量其幅值及频率，记录之。

③ 改变 R_w 的值，观察 U_{O1}，U_{O2} 幅值及频率变化情况。改变 R_w 并用频率计测出频率范围，记录之。

④ 将 R_w 恢复到中心位置，将稳压管 D_1 两端短接，观察 U_o 波形，分析 D_2 的限幅作用。

（3）三角波和方波发生器

① 关闭系统电源。按图 6.21 正确连接电路。

② 打开直流开关，调节 R_w 起振，用双踪示波器观察 U_{O1} 和 U_{O2} 的波形，测其幅值、频率及 R_w 值，记录之。

③ 改变 R_w 的位置，观察对 U_{O1}，U_{O2} 幅值及频率的影响。

④ 改变 R_1（或 R_2），观察对 U_{O1}，U_{O2} 幅值及频率的影响。

6.3.3 集成运算放大器的基本应用——有源滤波器

1. 实验目的

① 熟悉用运放、电阻和电容组成有源低通、高通滤波和带通、带

阻滤波器及其特性。

② 学会测量有源滤波器的幅频特性。

2. 实验仪器

① 双踪示波器；

② 频率计；

③ 交流毫伏表；

④ 信号发生器。

3. 实验原理

（1）低通滤波器

低通滤波器是指低频信号能通过而高频信号不能通过的滤波器，用一级 RC 网络组成的称为一阶 RC 有源低通滤波器，如图 6.22 所示。

为了改善滤波效果，可在图 6.22(a)所示电路的基础上再加一级 RC 网络。为了解决在截止频率附近的通频带范围内幅度下降过多的问题，通常采用将第一级电容 C 的接地端改接到输出端的方式（图 6.23），即为一个典型的二阶有源低通滤波器。

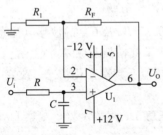

(a) RC 网络接在同相输入端

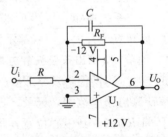

(b) RC 网络接在反相输入端

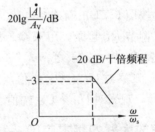

(c) 一阶 RC 低通滤波器的幅频特性

图 6.22　基本的有源低通滤波器

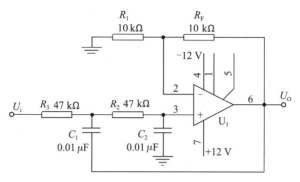

图 6.23　二阶低通滤波器

这种有源滤波器的幅频特性为

$$\dot{A} = \frac{\dot{U}_O}{\dot{U}_i} = \frac{A_\mu}{1 + (3 - A_\mu)SCR + (SCR)^2}$$

$$= \frac{A_\mu}{1 - \left(\dfrac{\omega}{\omega_0}\right)^2 + \mathrm{j}\dfrac{1}{Q}\dfrac{\omega}{\omega_0}} \qquad\qquad (6.21)$$

式中：$A_\mu = 1 + \dfrac{R_F}{R_1}$ 为二阶低通滤波器的通带增益；$\omega_0 = \dfrac{1}{RC}$ 为截止频率，它是二阶低通滤波器通带与阻带的界限频率；$Q = \dfrac{1}{3 - A_\mu}$ 为品质因数，它的大小影响低通滤波器在截止频率处幅频特性的形状。

注：式中 S 代表 $\mathrm{j}\omega$。

（2）高通滤波器

只要将低通滤波电路中起滤波作用的电阻、电容互换，即可变成有源高通滤波器，如图 6.24 所示。其频率响应和低通滤波器是"镜像"关系。

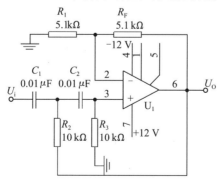

图 6.24　有源高通滤波器

这种高通滤波器的幅频特性为

$$\dot{A} = \frac{\dot{U}_\mathrm{o}}{\dot{U}_\mathrm{i}} = \frac{(SCR)^2 A_\mu}{1 + (3 - A_\mu)SCR + (SCR)^2}$$

$$= \frac{\left(\dfrac{\omega}{\omega_0}\right)^2 A_\mu}{1 - \left(\dfrac{\omega}{\omega_0}\right)^2 + \mathrm{j}\dfrac{1}{Q}\dfrac{\omega}{\omega_0}} \tag{6.22}$$

式中：A_μ，ω_0，Q 的意义同前。

（3）带通滤波器

这种滤波电路的作用是只允许在某一个通频带范围内的信号通过，而比通频带下限频率低和比上限频率高的信号都被阻断。典型的带通滤波器可以将二阶低通滤波电路中的一级改为高通而成。如图 6.25 所示，它的输入、输出关系为

$$\dot{A} = \frac{\dot{U}_\mathrm{o}}{\dot{U}_\mathrm{i}} = \frac{\left(1 + \dfrac{R_\mathrm{F}}{R_1}\right)\left(\dfrac{1}{\omega_0 RC}\right)\left(\dfrac{S}{\omega_0}\right)}{1 + \dfrac{B}{\omega_0}\dfrac{S}{\omega_0} + \left(\dfrac{S}{\omega_0}\right)^2} \tag{6.23}$$

中心角频率为

$$\omega_0 = \sqrt{\frac{1}{R_2 C^2}\left(\frac{1}{R} + \frac{1}{R_3}\right)} \tag{6.24}$$

频带宽为

$$B = \frac{1}{C}\left(\frac{1}{R} + \frac{2}{R_2} - \frac{R_\mathrm{F}}{R_1 R_3}\right) \tag{6.25}$$

选择性可表示为

$$Q = \frac{f_0}{B} \tag{6.26}$$

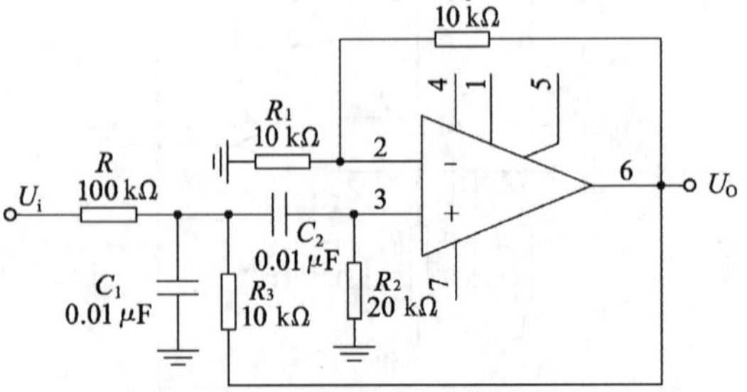

图 6.25　典型二阶带通滤波器

这种电路的优点是改变 R_F 和 R_1 的比例就可改变频带宽而不影响中心频率。

（4）带阻滤波器

带阻滤波器（图 6.26）电路的性能和带通滤波器相反，即在规定的频带内，信号不能通过（或受到很大衰减），而在其余频率范围，信号则能顺利通过。此类滤波器常用于抗干扰设备中。

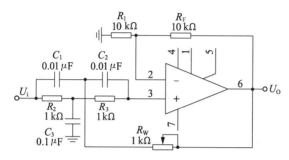

图 6.26　二阶带阻滤波器

这种电路的输入、输出关系为

$$\dot{A}=\frac{\dot{U}_O}{\dot{U}_i}=\frac{\left[1+\left(\dfrac{S}{\omega_0}\right)^2\right]A_\mu}{1+2(2-A_\mu)\dfrac{S}{\omega_0}+\left(\dfrac{S}{\omega_0}\right)^2}\tag{6.27}$$

式中：$A_\mu=\dfrac{R_F}{R_1}$；$\omega_0=\dfrac{1}{RC}$。

由式（6.27）可见，A_μ 愈接近 2，$|\dot{A}|$ 愈大，即能起到阻断范围变窄的作用。

4. 实验内容

（1）二阶低通滤波器

① 关闭系统电源。按图 6.23 正确连接电路。连接信号源输出和 U_i。

② 打开系统电源，调节信号源输出 $U_i=1$ V（峰峰值）的正弦波，改变其频率（在接近理论上的截止频率 338 Hz 附近改变），并维持 $U_i=1$ V（峰峰值）不变，用示波器监视输出波形，用频率计测量输入频率，用毫伏表测量输出电压 U_O，将结果记入表 6.5。

表 6.5 二阶低通滤波器实验记录

f/Hz					
U_O/V					

③ 输入方波，调节频率（在接近理论上的截止频率 338 Hz 附近调节），取 $U_\text{i}=1$ V（峰峰值），观察输出波形，越接近截止频率得到的正弦波越好，频率远小于截止频率时波形几乎不变，仍为方波。有兴趣的同学也可尝试用方波作为输入，因为方波频谱分量丰富，能更好地观察滤波器的效果。

（2）二阶高通滤波器

① 关闭系统电源。按图 6.24 正确连接电路。连接信号源输出和 U_i。

② 打开系统电源，调节信号源输出 $U_\text{i}=1$ V（峰峰值）的正弦波，改变其频率（在接近理论上的高通截止频率 1.6 kHz 附近改变），并维持 $U_\text{i}=1$ V（峰峰值）不变，用示波器监视输出波形，用频率计测量输入频率，用毫伏表测量输出电压 U_O，将结果记入表 6.6。

表 6.6 二阶高通滤波器实验记录

f/Hz					
U_O/V					

（3）带通滤波器

① 关闭系统电源。按图 6.25 正确连接电路。连接信号源输出和 U_i。

② 打开系统电源，调节信号源输出 $U_\text{i}=1$ V（峰峰值）的正弦波，改变其频率（在接近中心频率的 1 040 Hz 附近改变），并维持 $U_\text{i}=1$ V（峰峰值）不变，用示波器监视输出波形，用频率计测量输入频率，用毫伏表测量输出电压 U_O，自拟表格记录之。理论值中心频率为 1 040 Hz，上限频率为 1 080 Hz，下限频率为 990 Hz。

③ 实测电路的中心频率 f_0。

④ 以实测中心频率为中心，测出电路的幅频特性。

（4）带阻滤波器

① 关闭系统电源。按图 6.26 正确连接电路。连接信号源输出和 U_i。

② 打开系统电源，调节信号源输出 $U_i = 1$ V（峰峰值）的正弦波，改变其频率，并维持 $U_i = 1$ V（峰峰值）不变，用示波器监视输出波形，用频率计测量输入频率，用毫伏表测量输出电压 U_O，自拟表格记录之。

③ 实测电路的中心频率。

④ 测出电路的幅频特性。

6.3.4　集成运算放大器的基本应用——电压比较器

1. **实验目的**

① 掌握比较器的电路构成及特点。

② 学会测试比较器的方法。

2. **实验仪器**

① 双踪示波器；

② 万用表。

3. **实验原理**

图 6.27 所示为一最简单的电压比较器，U_R 为参考电压，输入电压 U_i 加在反相输入端。图 6.27(b) 所示为图 6.27(a) 所示比较器电路的传输特性。

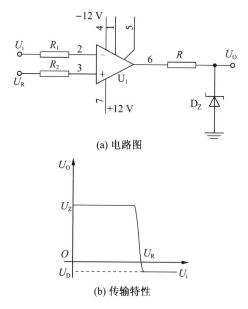

(a) 电路图

(b) 传输特性

图 6.27　电压比较器

103

当 $U_i < U_R$ 时，运放输出高电平，稳压管 D_Z 反向稳压工作。输出端电位被其箝位在稳压管的稳定电压 U_Z，即 $U_O = U_Z$。

当 $U_i > U_R$ 时，运放输出低电平，稳压管 D_Z 正向导通，输出电压等于稳压管的正向压降 U_D，即 $U_O = -U_D$。

因此，以 U_R 为界，当输入电压 U_i 变化时，输出端反映出两种状态：高电位和低电位。

常用的幅度比较器有过零比较器、具有滞回特性的过零比较器（又称 Schmitt 触发器）、窗口（双限）比较器（又称窗口比较器）等。

（1）过零比较器

一种简单过零比较器如图 6.28(a) 所示，其电路的传输特性如图 6.28(b) 所示。

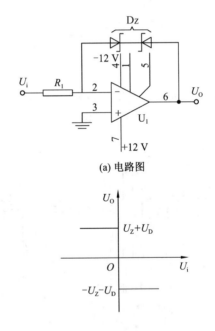

(a) 电路图

(b) 传输特性

图 6.28 过零比较器

（2）具有滞回特性的过零比较器

过零比较器在实际工作时，如果 U_i 恰好在过零值附近，则由于零点漂移的存在，U_O 将不断由一个极限值转换到另一个极限值，这在控制系统中，对执行机构是很不利的。为此，需要输出特性具有滞回现象

（图 6.29）。

　　从输出端引一个电阻分压支路到同相输入端，若 U_O 改变状态，U_Σ 点也随着改变电位，使过零点离开原来位置。当 U_O 为正（记作 U_D），$U_\Sigma = \dfrac{R_2}{R_F + R_2} U_D$；当 $U_D > U_\Sigma$，U_O 即由正变负（记作 $-U_D$），此时 U_Σ 变为 $-U_\Sigma$。因此，只有当 U_i 下降到 $-U_\Sigma$ 以下，才能使 U_O 再度回升到 U_D，于是出现图 6.29(b) 中所示的滞回特性。$-U_\Sigma$ 与 U_Σ 的差别称为回差。改变 R_2 的数值可以改变回差的大小。

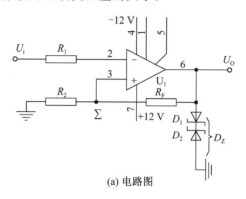

(a) 电路图

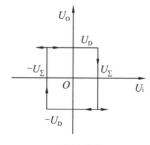

(b) 传输特性

图 6.29　具有滞回特性的过零比较器

　　（3）窗口（双限）比较器

　　简单的比较器仅能鉴别输入电压 U_i 比参考电压 U_R 高或低的情况。窗口比较电路是由两个简单比较器组成（图 6.30），它能指示出 U_i 值是否处于 U_R^+ 和 U_R^- 之间。

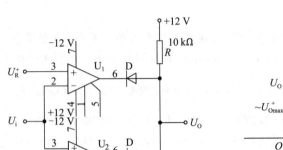
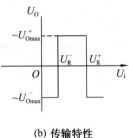

(a) 电路图　　　　　　(b) 传输特性

图 6.30　两个简单比较器组成的窗口比较器

4. 实验内容

（1）过零比较器

① 关闭系统电源。按图 6.31 正确连接电路。连接信号源输出和 U_i。

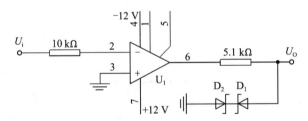

图 6.31　过零比较器

② 打开系统电源，用万用表测量 U_i 悬空时的电压 U_o。

③ 调节信号源输出 $f = 500$ Hz，峰峰值为 2 V 的正弦信号，用双踪示波器观察 U_i 和 U_o 波形。

④ 改变 U_i 幅值，测定传输特性。

（2）反相滞回比较器

① 关闭系统电源。按图 6.32 正确连接电路。连接直流信号源输出和 U_i。

② 打开系统电源，调好一个 -4.2V～$+4.2$ V 可调直流信号源作为 U_i，用万用表测出 U_i 由 $+4.2$ V→-4.2 V 时 U_o 值发生跳变时 U_i 的临界值。

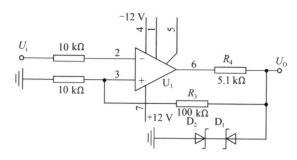

图 6.32 反相滞回比较器

③ 同上，测出 U_i 由 -4.2 V $\rightarrow +4.2$ V 时 U_o 值发生跳变时 U_i 的临界值。

④ 关闭系统电源。U_i 接信号源输出端。

⑤ 打开系统电源调节信号源输出 $f = 500$ Hz，峰峰值为 2 V 的正弦信号，用双踪示波器观察 U_i 和 U_o 波形。

⑥ 将分压支路 100 kΩ 电阻（R_3）改为 200 kΩ（100 kΩ + 100 kΩ，另一个 100 kΩ 电阻用电位器代替），重复上述实验，测定传输特性。

（3）同相滞回比较器

① 按图 6.33 正确连接电路，参照实验内容（2），自拟实验步骤及方法。

② 将结果与实验内容（2）比较。

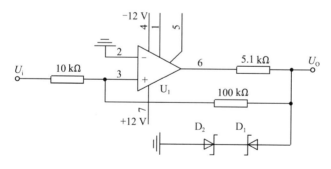

图 6.33 同相滞回比较器

6.3.5 电压-频率转换电路

1. 实验目的

了解电压-频率转换电路的组成及调试方法。

2. 实验仪器

① 双踪示波器；

② 万用表。

3. 实验原理

图 6.34 所示电路实际上就是一个矩形波、锯齿波发生电路，只不过这里是通过改变输入电压 U_i 的大小来改变波形频率，从而将电压参量转换成频率参量。

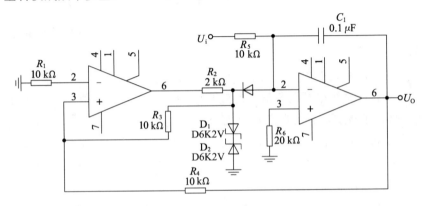

图 6.34　电压-频率转换电路

4. 实验内容

① 关闭系统电源。按图 6.34 正确连接电路。连接直流信号源输出和 U_i。

② 打开系统电源，调好一个 $+0.5\ \text{V} \sim +4.5\ \text{V}$ 可调直流信号源作为 U_i 输入。

③ 测量电路的电压-频率转换关系，分别调节直流源的各种不同的值，用示波器监视 U_o 波形和测量 U_o 波形频率，将结果记入表 6.7。

表 6.7　电压-频率转换电路实验记录

U_i/V	0.5	1	2	3	4	4.5
T/ms						
f/Hz						

④ 作出电压-频率关系曲线，改变电容 $0.1\ \mu\text{F}$ 为 $0.01\ \mu\text{F}$，观察波形的变化。

第 7 章

脉宽调制控制电路的设计与应用

本章主要介绍的是脉宽调制控制电路的设计与应用，内容涵盖脉宽调制控制电路的基本原理及组成、元器件的选择、模块电路参数的测定及故障排除等方面。

7.1 脉宽调制控制电路的基本原理

1. 脉宽调制控制电路的控制原理

脉宽调制控制电路即 PWM（pulse width modulation）控制输出电路，除了可以监控功率电路的输出状态之外，同时还提供功率元件控制信号，因此广泛应用在高功率转换效率的电源电路或电动机控制电路等。

PWM 电路基本原理依据：冲量相等而形状不同的窄脉冲加在具有惯性的环节上时，其效果相同。PWM 控制原理：将波形 6 等分，可由 6 个方波等效替代。

脉宽调制的分类方法有多种，如单极性与双极性，同步式与异步式，矩形波脉宽调制与正弦波脉宽调制等。单极性 PWM 控制法指在半个周期内载波只在一个方向变换，所得 PWM 波形也只在一个方向变化，而双极性 PWM 控制法在半个周期内载波在两个方向变化，所得 PWM 波形也在两个方向变化。根据载波信号与调制信号是否保持同步，PWM 控制可分为同步调制和异步调制。矩形波脉宽调制的特点是输出脉宽列是等宽的，只能控制一定次数的谐波；正弦波脉宽调制的特点是输出脉宽列是不等宽的，宽度按正弦规律变化，输出波形接近正弦波。正弦波脉宽调制也叫 SPWM。根据控制信号产生脉宽是该技术的关键。目前常用三角波比较法、滞环比较法和空间电压矢量法。

2. 脉宽调制控制电路的作用

PWM 电路主要功能是将输入电压的振幅转换成宽度一定的脉冲，换句话说它是将振幅资料转换成脉冲宽度。一般转换输出电路只能输出电压振幅一定的信号，为了输出类似正弦波之类电压振幅变化的信号，必须将电压振幅转换成脉冲信号。

高功率电路分别由 PWM 电路、门驱动电路、转换输出电路构成，其中 PWM 电路主要功能是使三角波的振幅与指令信号进行比较，同时输出可以驱动功率场效应管的控制信号，并通过该控制信号控制功率电路的输出电压。

3. 脉宽调制控制电路的特点

PWM 电路的特点是频率高、效率高、功率密度高、可靠性高。然而，由于开关器件工作在高频通断状态，高频的快速瞬变过程本身就是电磁骚扰源。它产生的 EMI 信号有很宽的频率范围，又有一定的幅度。若把这种电源直接用于数字设备，则设备产生的 EMI 信号会变得更加强烈和复杂。

7.2　脉宽调制控制电路的设计

电路设计原理框图如图 7.1 所示。

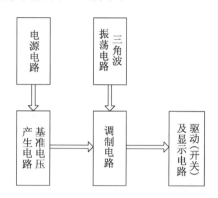

图 7.1　电路设计原理框图

各电路模块电压及信号变化预期如下：

首先，电源电路由变压器降压电路、交直流转换电路、整流电路及稳压电路组成。

其次，电源为各电路模块供电。基准电压产生电路产生阈值电压（可调），三角波振荡电路由滞回比较器及积分运算电路组成，比较器比较阈值电压与三角波电压信号通过电压比较器电路进行比较，最终输出可变脉宽矩形波，开关电路由三极管构成的驱动电路组成，主要工作为驱动 LED 灯点亮。

最终实现，阈值电压产生输出至调制电路中运放的正极，三角波振荡电路产生的三角波输出至运放的负极，两路信号进行比较产生可调脉宽的矩形波，驱动电路由矩形波驱动使 LED 的亮度随着电位器的变化而变化。

1. 元器件的选择

（1）电源电路

电源电路由桥堆 2W10 构成整流桥电路模块实现～15 V 转换出

±21 V 直流电，由 L7812CV、L7912CV 组成稳压电路模块，最终实现 ±21 V 稳压至 ±12 V 直流电。

① 桥堆 2W10 的结构（AC 输入为～15 V）如图 7.2 所示。

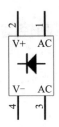

图 7.2　桥堆原理图符号

$$V_+ = \sqrt{2} U_{\text{rms}} = \sqrt{2} \times 15 \text{ V} \approx +21 \text{ V}$$

$$V_- = -\sqrt{2} U_{\text{rms}} = -\sqrt{2} \times 15 \text{ V} \approx -21 \text{ V}$$

② L7812CV、L7912CV 引脚图及符号分别如图 7.3、图 7.4 所示。

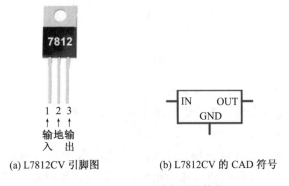

(a) L7812CV 引脚图　　　　　(b) L7812CV 的 CAD 符号

图 7.3　L7812CV 引脚图及符号

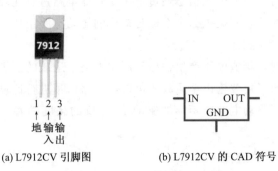

(a) L7912CV 引脚图　　　　　(b) L7912CV 的 CAD 符号

图 7.4　L7912CV 引脚图及符号

（2）阈值电压产生电路、三角波振荡电路及调制电路

阈值电压产生电路为 LM324 组成的电压跟随器，三角波振荡电路是由 LM324 组成的积分器电路，调制电路为 LM324 组成的电压比较器。

LM324 为四运放集成电路，采用 14 脚双列直插塑料封装（图 7.5），内部有四组运算放大器，以及相位补偿电路，电路功耗很小。它有 5 个引出脚，其中"＋""－"为两个信号输入端，"V_+""V_-"为正、负电源端，"V_o"为输出端。两个信号输入端中，V_{i-}（－）为反相输入端，表示运放输出端 V_o 的信号与该输入端的相位相反；V_{i+}（＋）为同相输入端，表示运放输出端 V_o 的信号与该输入端的相位相同。LM324 工作电压范围宽，可用正电源 3～30 V，或正负双电源 ±1.5～±15 V 工作。它的输入电压可低到地电位，而输出电压范围为 0～V_{CC}。

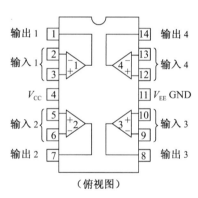

图 7.5　LM324 引脚图

2. 整体电路图

脉宽调制电路整体电路图如图 7.6 所示。

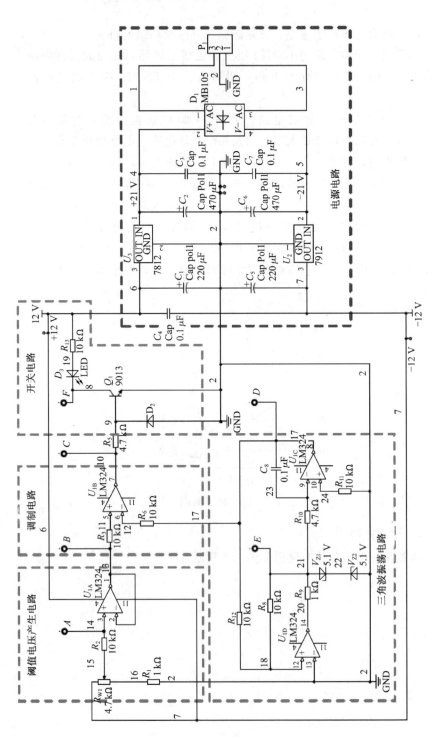

图 7.6 脉宽调制电路整体电路图

3. 电路的几种典型模块功能分析

（1）电源电路

电源电路如图 7.7 所示。

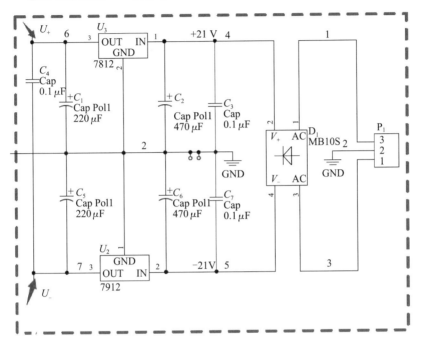

图 7.7　电源电路

桥堆 D_1 输出电压分别为 $V_+ = 21$ V，$V_- = -21$ V，通过 7812 与 7912 的稳压后 $U_+ = 12$ V，$U_- = -12$ V。

（2）阈值电压产生电路

① 由图 7.8 知，$V_{ss} = -12$ V，$R_{w1} = 4.7$ kΩ，$R_1 = 1$ kΩ。

设 1 号点电压为 V_1、2 号点电压为 V_2。

$$V_1 = \frac{R_1 + R'_{w1}}{R_1 + R_{w1}}\ (V_{ss} - 0)$$

式中：R'_{w1} 为滑动变阻器滑片端与 R_1 之间相连接部分的电阻，且 $0 \leqslant R'_{w1} \leqslant R_{w1}$。

综上所述，V_1 的变化范围为 -2.02 V $\leqslant V_1 \leqslant -12$ V。

② 图 7.8 中，LM324 组成电压跟随器，2 号点电压为 V_2，且满足以下条件及结果：

$$V_1 = V_A (A\ \text{点电压})$$
$$= V_+ (\text{LM324} + \text{端口电压}) = V_- (\text{LM324} - \text{端口电压})$$
$$= V_2$$

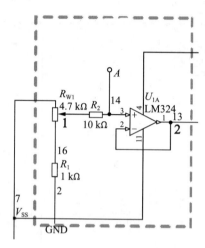

图 7.8　阈值电压产生电路

（3）三角波振荡电路

三角波振荡电路由迟滞回路比较器和积分器组成，如图 7.9 所示。

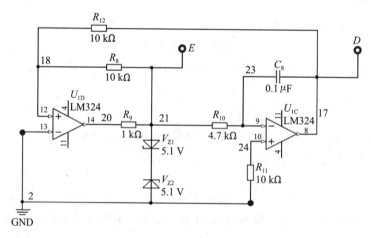

图 7.9　三角波振荡电路

① 由 U_{1D} 运放模块组成的是同相迟滞比较器，输出信号为方波，峰值为 5.1 V。

② 由 U_{1c} 运放模块组成的是积分器，输出信号为三角波，峰值为 5.1 V。

CH1 采集的 E 点波形和 CH2 采集的 D 点波形如图 7.10 所示。

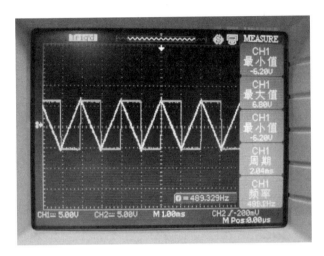

图 7.10　D 点、E 点波形

7.3　脉宽调制控制电路的线路排故训练

脉宽调制控制电路（含故障点）如图 7.11 所示。

1. 排除故障的方法

① 电阻法。被测电路断电，万用表设置为 $R \times 200\ \Omega$，只有万用表读数为 0 Ω 时，说明被测点之间短路。可以交换红、黑表笔再测一次，加以确认。

② 电位测量。可以用万用表直流挡测量，也可以用示波器直接测量读数。（建议用示波器测量电压平均值）

根据工程实践应用标准，建议排除故障采用方法②。

2. 排除故障的顺序

排除故障的顺序如图 7.12 所示。

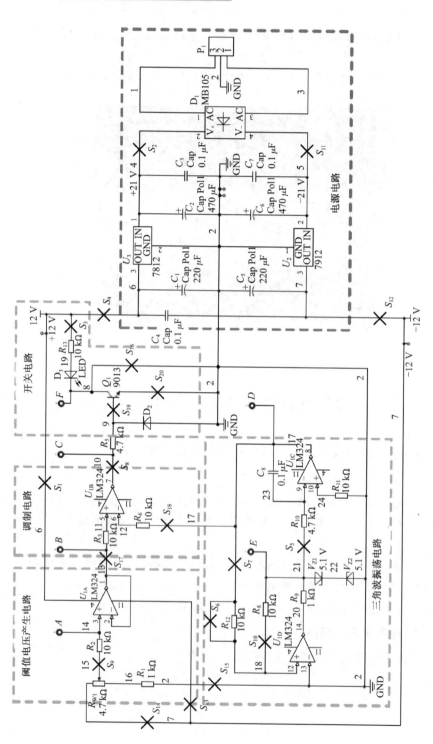

图 7.11 脉宽调制控制电路（含故障点）

$$电源电路 \rightarrow \left\{ \begin{array}{l} 给定电路 \\ 三角波振荡电路 \end{array} \right\} \rightarrow 调制电路 \rightarrow 放大电路$$

图 7.12　排除故障的顺序

（1）检查电源电路（直流稳压电源设置为±16 V）

① 正电源检查：＋12 V，测试点为＋12 V——正常。

（D_1 的＋极＝15 V）$\rightarrow U_3$ Pin1＝15 V，否则 S_2 断路$\rightarrow$（U_3 Pin3＝＋12 V）$\rightarrow$＋12 V，测试点为＋12 V，否则 S_4 断路。

② 负电源检查：－12 V，测试点为－12 V——正常。

（D_1 的－极为－15 V）$\rightarrow U_2$ Pin2＝－15 V，否则 S_{11} 断路$\rightarrow$（U_2 Pin3＝－12 V）$\rightarrow$－12 V，测试点为－12 V，否则 S_{12} 断路。

（2）检查给定电路

随 R_{W1} 调整，B 测试点有－1～－12 V 的电位变化——正常旋转。R_{W1} 滑动端为－1～－12 V，否则检查 R_{W1} 固定端为－12 V，否则 R_{W1} 固定端与－12 V 测试点之间断路，即 S_{14} 断路。

R_1 上为 0 V，否则 R_1 与地之间断路，即 S_{15} 断路$\rightarrow R_2$ 上为－1～－12 V，否则 R_2 与 R_{W1} 滑动端断路，即 S_9 断路$\rightarrow$（A 为－1～－12 V）$\rightarrow U_1$ Pin1＝－1～－12 V，否则检查 U_1 Pin4＝＋12 V，否则 U_1 Pin4 与＋12 V 测试点之间断路，即 S_1 断路。

U_1 Pin11＝－12 V，否则 U_1 Pin11 与－12 V 测试点之间断路，即 S_{13} 断路$\rightarrow B$＝－1～－12 V，否则 B 与 U_1 Pin1 断路，即 S_{17} 断路。

（3）检查三角波振荡电路

D 点有三角波，E 点有矩形波。

① D，E 均无波形。电阻法检查：U_1 Pin8 与 R_{12} 之间的电阻值为 0，否则其之间断路，即 S_7 断路；R_8 与 V_{Z1} 的正极之间电阻值为 0，否则其之间断路，S_5 断路。

② D 点无波形，E 点有梯形波，f 为 8～10 kHz。电阻法检查：R_{12} 两端电阻不为 0，否则 R_{12} 被断路，即 S_6 短路；U_1 Pin12 到 R_8 之间电阻值应为 0，否则其之间断路，即 S_{10} 断路。

（4）检查调制电路

随 R_{W1} 调整，C 点有脉宽可变的矩形波。

① 检查 R_6 上有三角波，否则 D 与 R_6 之间断路，即 S_{18} 断路$\rightarrow$检查 C_8 的管脚上有脉宽。

② 变的方波波形，否则 U_1 Pin7 与 C 点断路，即 S_8 断路。

（5）检查放大电路

LED 亮度及 F 点矩形的脉宽，随 R_{W1} 的调整而变化。

检查 Q_1：b 极＝C 点（R_5 上）波形，且 $V_{pp}=1.4$ V，否则 R_5 与 Q_1 的基极断路，即 S_{19} 断路。若 $V_{PP}>1.4$ V，检查 Q_1，e 极，应无波形，且电压为 0 V，否则 Q_1，e 极与地之间断路，即 S_{20} 断路→检查 F 点不为 0 V，若 LED 常亮，则 Q_1，c 极对地短路，即 S_{16} 短路；若 LED 不亮，检查 $R_{13}=＋12$ V，否则 R_{13} 与＋12 V 测试点之间断路，即 S_3 断路。

3. 各故障点测量方法与故障现象

故障现象对照表见表 7.1。

表 7.1 故障现象对照表

序号	故障点	测量内容	故障现象
1	S_1	测量公共电源端＋12 V 与 LM324 的 4 号引脚	电压大小不一致
2	S_2	测量桥堆的 V_+ 端与 7812 的 1 号引脚	电压大小不一致
3	S_3	测量 R_{13} 引脚上的电压	引脚上无＋12 V 大小的电压
4	S_4	测量 7812 的 3 号引脚上的电压与公共端＋12 V 上的电压	电压大小不一致
5	S_5	测量 V_{Z1} 上的电压与 R_{10} 上的电压	电压大小不一致
6	S_6	测量 R_{12} 两端电压	电压大小一致
7	S_7	测量 D 点电压与 R_{12} 两端电压	电压大小不一致
8	S_8	测量 LM324 的 7 号引脚电压与 C 点电压	电压大小不一致
9	S_9	测量 R_{W1} 滑片端电压与 R_2 两端电压	电压大小不一致
10	S_{10}	测量 LM324 的 12 号引脚电压与 R_8 两端电压	电压大小不一致
11	S_{11}	测量桥堆的 V_- 端口上的电压与 7912 的 2 号引脚上的电压	电压大小不一致
12	S_{12}	测量 7912 的 3 号引脚上的电压与公共端－12 V 上的电压	电压大小不一致

续表

序号	故障点	测量内容	故障现象
13	S_{13}	测量公共电源端－12 V 与 LM324 的 11 号引脚	电压大小不一致
14	S_{14}	测量 R_{w1} 和 R_1 的各个引脚上的电压	电压大小均一致
15	S_{15}	测量 R_{w1} 和 R_1 的各个引脚上的电压	电压大小均为－12 V
16	S_{16}	测量 9013 的集电极电压	电压为 0 V
17	S_{17}	测量 LM324 的 1 号引脚与 B 点电压	电压大小不一致
18	S_{18}	测量 D 点波形与 LM324 的 6 号引脚上的波形	波形不一致
19	S_{19}	测量 D_2 电压与 9013 的基极上的电压	电压大小不一致
20	S_{20}	测量 9013 的发射极上的电压	电压不为 0 V

4. 参考参数及波形

三角波频率设为 464.7 Hz，三角波幅值设为 $13.4V_{PP}$。给定电压为－8 V 情形下，三角波（D 点）、矩形波（E 点）、调制波（F 点）波形图如图 7.13 所示。图中 U_F 虚线为给定电压等于－3 V 时的波形图。

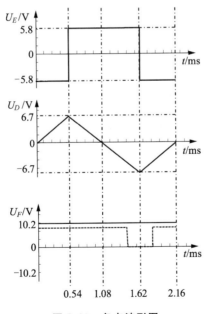

图 7.13　各点波形图

参考文献

［1］鲍洁秋．电工实训教程［M］．北京：中国电力出版社，2015.

［2］夏菽兰，施敏敏，曹啸敏，等．电工实训教程［M］．北京：人民邮电出版社，2014.

［3］顾江．电子设计与制造实训教程［M］．西安：西安电子科技大学出版社，2016.

［4］章小宝，夏小勤，胡荣．电工与电子技术实验教程［M］．重庆：重庆大学出版社，2016.

［5］祝燎．电工学实验指导教程［M］．天津：天津大学出版社，2016.

［6］高有华，袁宏．电工技术［M］．3版．北京：机械工业出版社，2016.

［7］毕淑娥．电工与电子技术［M］．北京：电子工业出版社，2016.

［8］徐英鸽．电工电子技术课程设计［M］．西安：西安电子科技大学出版社，2015.

［9］穆克．电工与电子技术学习指导［M］．北京：化学工业出版社，2016.

［10］李光．电工电子学［M］．北京：北京交通大学出版社，2015.

［11］郑先锋，王小宇．电工技能与实训［M］．北京：机械工业出版社，2015.

［12］顾涵．电工电子技能实训教程［M］．西安：西安电子科技大学出版社，2017.

［13］康华光．电子技术基础：模拟部分［M］．北京：高等教育出版社，2013.

附 图

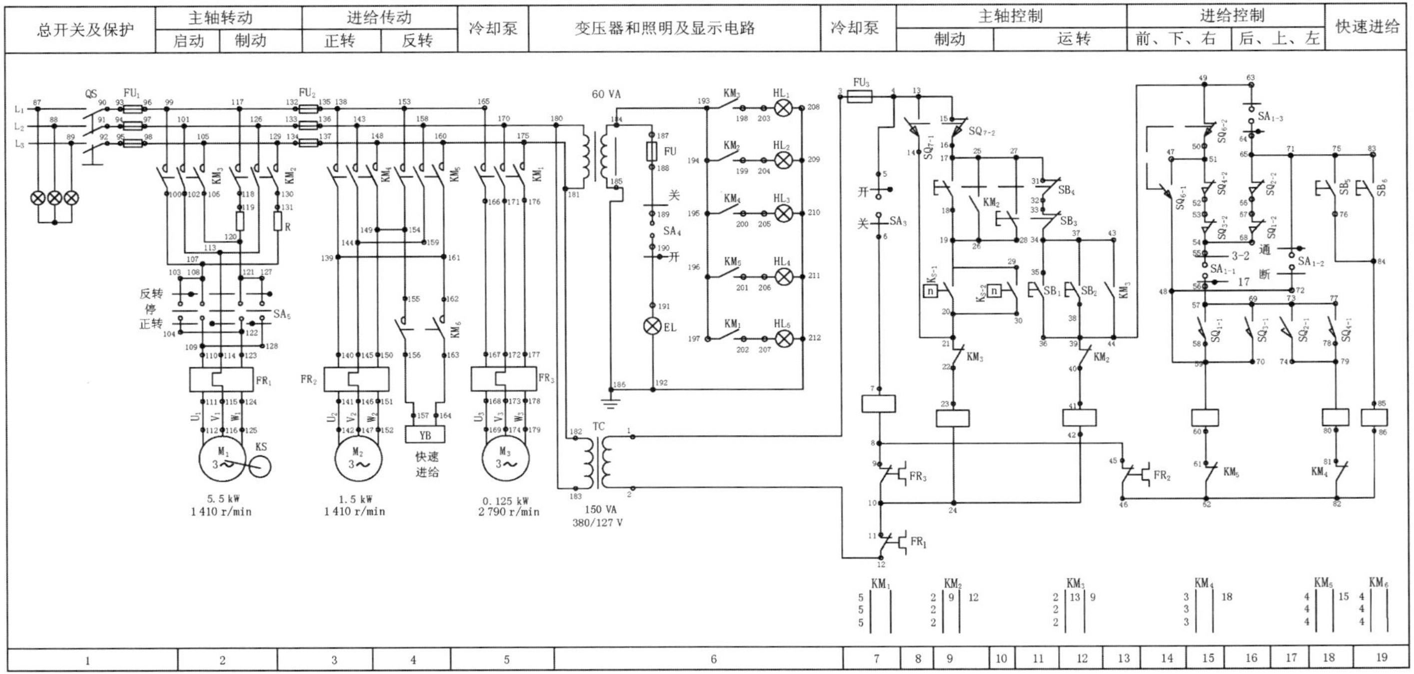

附图 1　X62W 万能铣床控制线路电气原理图（无故障点）

123

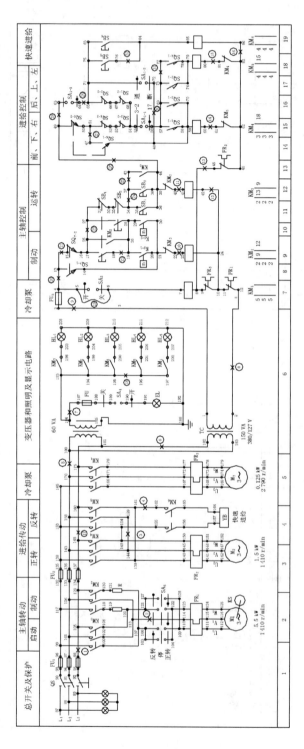

附图 2　X62W 万能铣床控制线路电气原理图（有故障点）

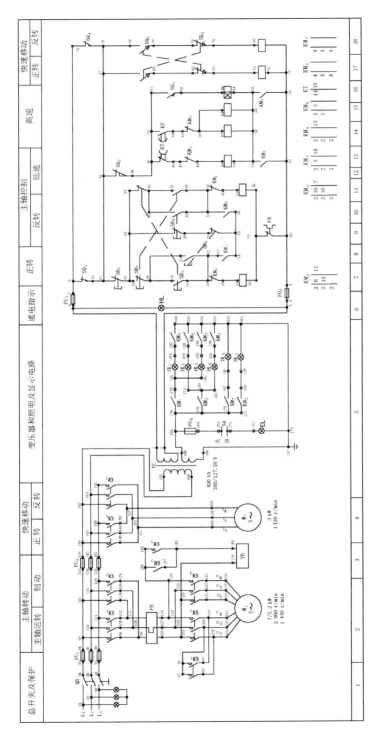

附图 3　T68 镗床控制线路电气原理图（无故障点）

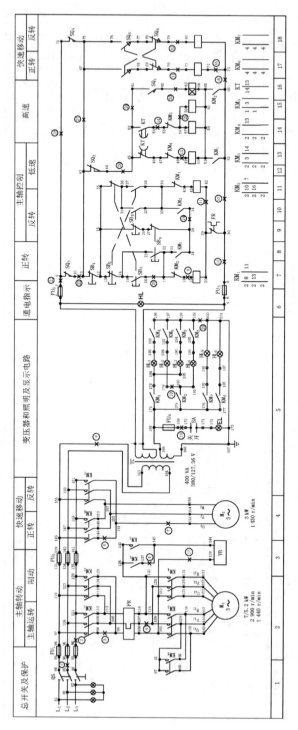

附图 4　T68 镗床控制线路电气原理图（有故障点）

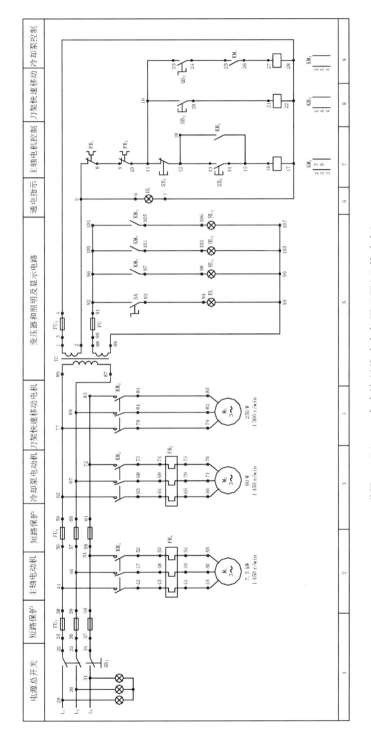

附图 5　CA6140 车床控制线路电气原理图（无故障点）

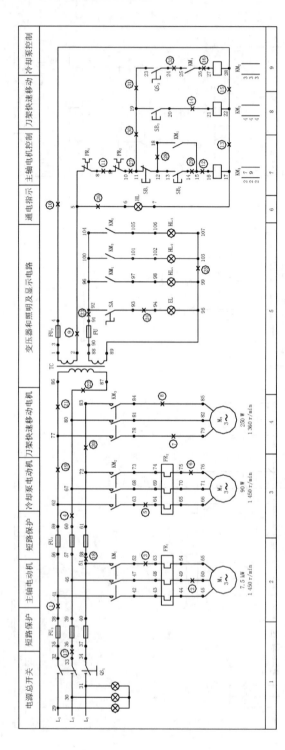

附图 6　CA6140 车床控制线路电气原理图（有故障点）

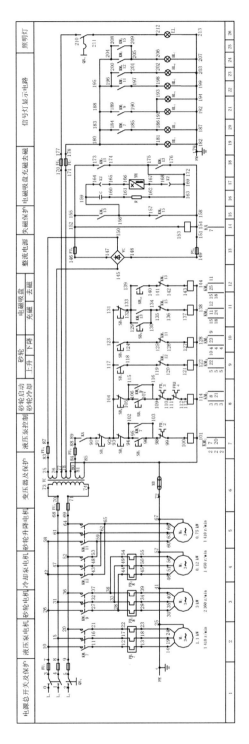

附图 7　M7120 平面磨床控制线路电气原理图（无故障点）

129

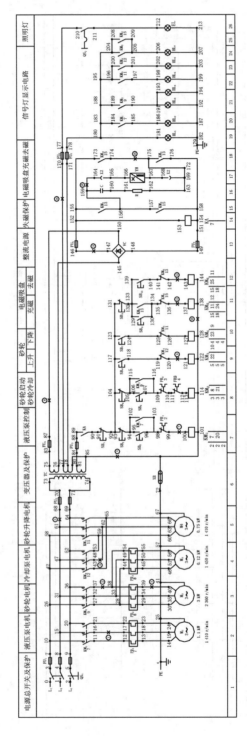

附图 8　M7120 平面磨床控制线路电气原理图（有故障点）